食品动物安全生产技术丛书

淡水鱼健康高效养殖

编著者

魏文志　钱刚仪　王秀英

金盾出版社

内 容 提 要

本书是"食品动物安全生产技术丛书"的一个分册,由扬州大学动物科学与技术学院专家编著。内容包括:淡水鱼健康高效养殖概述,我国主要淡水养殖鱼类品种,池塘环境条件,池塘水质条件和水质调控技术,饲料配制技术,人工繁殖技术,鱼苗、鱼种培育技术,鱼苗、鱼种的运输,成鱼养殖技术,鱼病生态防治技术,水产品质量安全追溯体系建设等。从理论与生产实践相结合的角度,对我国主要淡水养殖鱼类的健康高效养殖作了较全面的介绍,内容翔实,实用性强,适合淡水鱼养殖场(户)技术人员学习使用,亦可供农业院校相关专业师生阅读参考。

图书在版编目(CIP)数据

淡水鱼健康高效养殖/魏文志,钱刚仪,王秀英编著.—北京：金盾出版社,2009.9(2020.4重印)
(食品动物安全生产技术丛书)
ISBN 978-7-5082-5911-6

Ⅰ.①淡…　Ⅱ.①魏…②钱…③王…　Ⅲ.①淡水鱼类—鱼类养殖　Ⅳ.①S965.1

中国版本图书馆 CIP 数据核字(2009)第 123194 号

金盾出版社出版、总发行

北京市太平路 5 号(地铁万寿路站往南)
邮政编码:100036　电话:68214039　83219215
传真:68276683　网址:www.jdcbs.cn
北京万博城印刷有限公司印刷、装订
各地新华书店经销
开本:850×1168 1/32　印张:7.75　字数:181 千字
2020 年 4 月第 1 版第 7 次印刷
印数:38 001～39 500 册　定价:24.00 元
(凡购买金盾出版社的图书,如有缺页、
倒页、脱页者,本社发行部负责调换)

食品动物安全生产技术丛书编委会

主　任

陈国宏

副主任

王志跃　吴信生

委　员

（按姓氏笔画排列）

王杏龙　毛永江　刘桂琼　李拥军

张　军　龚道清　霍永久　魏文志

序　言

　　随着经济的快速发展和人民生活水平的不断提高,对动物性食品的需求量不断加大。同时,人们对动物性食品质量提出了更高的要求,所需求的动物性食品必须是没有药物残留、健康的食品。但是,人们长期对养殖业可持续发展认识的不足,在动物性食品生产过程中,存在着一些安全隐患,如养殖生态环境恶化,饲料原料生产中大量使用农药、化肥,动物性食品生产和加工过程中过量使用药物、添加剂和防腐剂等,导致动物性食品安全问题频发。由于产品质量下降引发消费健康问题和由动物疫病引发的公共安全事件日益突出,动物性食品安全问题已成为制约我国养殖业发展的主要矛盾。因此,必须大力发展规模生产,积极倡导健康养殖,确实转变养殖业生产方式,构建资源节约、环境友好的新型养殖业,促进养殖业向安全、优质、高效、节耗、环境友好型方向迈进。

　　动物性食品的健康高效生产是个系统工程,必须从动物的品种选育、饲养环境、饲料生产、疫病防治、产品加工及流通进行全程质量控制。在生产动物性食品时,要选择良好的环境条件,防止大气、土壤和水质的污染。在不断提高养殖户的生态意识、环境意识、安全意识的同时,还应对动物性食品健康高效生产技术进行汇总和推广应用。

　　为了达到上述目的,金盾出版社同高等农业院校的相关专家共同策划出版了"食品动物安全生产技术丛书"。"丛书"包括猪、奶牛、肉牛、肉羊、肉鸡、蛋鸡、肉鹅、肉鸭、蛋鸭、肉兔、鱼和河蟹养殖等12个分册。该"丛书"紧紧围绕健康高效生产技术展开，从理论与生产实践的结合上，对动物性食品健康高效养殖进行了比较全面的介绍，内容翔实，实用性和科学性强，对指导当前动物性食品健康高效生产将产生极大的推动作用。

陈国宏

2008年12月于扬州市

目 录

第一章　淡水鱼健康高效养殖概述

一、淡水鱼健康高效养殖的概念和特点

就水产养殖而言,健康高效养殖是指挑选优良、健壮的水产养殖群体,根据养殖对象生长、繁殖的规律及其生理特点和生态习性,选择科学的养殖模式,通过对全过程的规范化管理,如提供充足的全价营养饲料、科学投喂、科学调控水质、科学用药以及生态、免疫防病等一系列措施,增强养殖群体的体质,控制病原体的发生或繁衍,使养殖对象在生长发育期间,最大限度地减少疾病的发生,使其在安全、高效、人工控制的理想生态环境中健康、快速生长,从而达到优质、高产的目的,使生产出的水产品无污染、个体健康、肉质鲜嫩、营养丰富,与天然水产品相当,并对养殖环境无污染,实现养殖生态体系的平衡和人与自然的和谐。健康高效养殖这一概念的引出和使用使得养殖者取得较高的效益,在某种程度上为养殖业的健康发展提供了体系性可持续发展的方向。

健康高效养殖是应用科学的原理,对特定的养殖系统进行有效控制,保持系统内外物质、能量流动的良性循环,促进养殖对象正常生长,使产品符合人类需要的养殖综合技术。健康高效养殖具有空间性、时间性、指向性和可操作性等几个特点。空间性(范围)指特定的养殖系统及其所处的大环境;时间性指该系统随着人们生产行为的开始而存在,以生产行为的结束而消失;指向性指"健康"相对于养殖系统的生态安全性、养殖对象的健康生长和人对养殖产品的健康需求而言;可操作性指各种形式的技术投入,包

括物化技术(如机械设备、优良种质、配合饲料、药物及添加剂等)、生产技能、技巧、经验(如疫病防治技术等)、软技术(组织管理方式、方法、措施)等。

二、淡水鱼健康高效养殖的背景

自 20 世纪 50 年代以来,世界各国特别是发达国家,因大量使用化肥、农药和工业"三废"超标排放,不仅严重污染生态环境,而且通过物质循环和食物链危害食品质量安全,从而危害人体健康。人们最早是从水产品上发现食品污染危害人体健康的,1953 年在日本西南部水俣湾的居民,发现一种非传染性神秘而又陌生的疾病,患病者体力衰弱、视力丧失、脑功能损坏、出现麻痹,多数发生昏迷后而死亡,直到 1959 年才确定是由于食用受甲基汞污染的水产品所致,这种病被称为水俣病。1964～1965 年,在日本新泻地区发生了第二次水俣病,污染地区居民与条件相似的美国人、欧洲人相比,血液和体组织中的汞、镉含量高出许多,这一报道不仅引起了日本政府的警觉,而且在世界各国反响强烈。瑞典的水环境研究表明,淡水鱼、海水鱼和其他水生植物中,汞化合物含量非常高,随即瑞典政府下令禁止出售大约 40 个湖泊与河流的鱼;加拿大也发现传统食物中的鱼受汞污染,对于当地土著居民的健康造成了危害;德国、荷兰的不少地方居民存在着轻微甲基汞中毒症状;英国、法国也查出水生生态系统中遭受镉、砷、铬、汞、锌、DDT、六六六、酚和有机化合物等诸多有害物质的污染,除水产品质量得不到保障外,饮用水也出现问题,因此不得不采取一系列费用昂贵的措施来保护地下水不受污染,以确保饮用水安全。随着调查范围的进一步扩大,发现不仅水生生态系统污染严重,而且陆地生态系统也有污染,污染食品的种类较多。食品污染中毒事件在阿根廷、智利、捷克斯洛伐克和我国台湾省均有发现,呈全球化趋势。因此,食品的质量安全问题,引起了世界各国政府和民间组织的高度关注。

西方发达国家从 20 世纪 70 年代开始探索未来农业和食品业的发展方向,学术界先后提出了生态农业、生物动力学农业、有机农业等多种替代农业模式,尽管这些模式的内涵和特点各不相同,但共同点都是在农业生产中减少或禁止使用人工合成化学品,采用有机物代替,以保护生态环境和人体健康。在英国、法国、美国、瑞典、南非等国的倡导下,于 1972 年 11 月份在法国成立了国际有机农业运动联合会(IFOAM),该联合会的宗旨是确保食品质量安全,其章程规定:农业生产中禁止使用化学合成氮肥以及其他易水溶性的肥料、化学植保药剂和化学贮藏保护药剂,只能施用有机肥以及使用生物农药和生态方法防治病虫害;在畜牧业和渔业生产中,禁止使用人工激素和其他添加剂,从非有机农业组织购入的饲料不得超过 20%;整个生产企业必须全部按有机农业生产标准执行,不得部分执行。采用这种方式生产的农产品称为有机食品,也称纯天然生态食品,按照有机食品方式生产的水产品为有机水产食品。国际有机农业运动联合会现有正式成员 750 多个,下辖18 000 多个企业,分布于 100 多个国家或地区(主要集中在欧洲)。我国于 1993 年被国际有机农业运动联合会接纳为正式成员,在国家环保总局设立了有机食品发展中心,负责我国有机食品的技术标准、生产规程和管理制度的制订,产地产品申报认证监管和促进发展等工作。

虽然有机食品在生产过程中禁止使用化肥和农药,可以保证质量,但抵御自然灾害的能力减弱,产量大幅度下降,使企业生存艰难,不得已采取提高农产品价格的方式维持盈利能力,这就违背了市场经济规律,导致产品滞销,生产经营难以为继,即使在有机农业组织会员较多的英国、瑞士、德国、奥地利等国家,有机食品的消费也仅占食品总消费的 1.3%;丹麦、荷兰、法国、比利时等国为

0.7%；西班牙、意大利、葡萄牙等国不到 0.5%；欧洲以外的美国、以色列、加拿大、澳大利亚、南非、墨西哥、阿根廷等国约为 0.3%。有机农业的发展不仅在发达国家遇到了尴尬的局面，在发展中国家更是举步维艰，发展中国家的最大特点是人口急剧增长，对食物的需求量不断上升，他们所面临的共同问题是如何解决填饱肚子的问题。发展有机农业将会人为地加剧食物短缺的矛盾，于是很多学者对有机农业的前景进行了重新审视，认为有机农业还存在着许多短期内难以解决的技术经济难题。从 20 世纪 80 年代中期开始，有不少学者质疑甚至公开批评这种模式是不科学的、非持续性的，将其称为历史倒退模式，因而持续农业的概念引起了各国专家的高度重视，其作为农业发展领域的一个重要课题已被提到议事日程。

持续农业是在总结有机农业经验教训的基础上，针对西方国家人们对环境污染心有余悸的现象，综合考虑农产品的质量、数量、效益和环境压力等多种因素，提出在维持和保证生态平衡、资源持续再生的前提下，尽量减少化肥、农药和其他化学增产剂的使用量，以实现农产品供需平衡和可持续发展。持续农业的主题是保护绿色家园（生态环境），因此"绿色"一词便成为良好生态环境和无污染食品的代名词。西方一些国家相继成立了绿色运动组织，简称绿党，推动绿色环保事业的发展。随着绿色环保运动的兴起，到1991年，在荷兰、美国、英国、德国、法国等国家的倡议下，成立了世界持续农业协会（WSAA）。联合国粮农组织（FAO）和世界卫生组织（WHO）根据《农业环境国际会议》（1991年，荷兰）和《世界环境与发展会议》（1992年，巴西）通过的保护和改善生态环境，走可持续发展道路的决议，针对发展中国家和发达国家的不同情况，允许合理使用化肥、农药、人工饲料添加剂和防病药物，把毒副作用控制在最低限度，全面兼顾人类对食品数量、质量安全和环境改善等的需求，以务实的精神提出了食品安全原则。食品安全包涵着保障安全和质量安全,保障安全就是运用现代科学技术手段,增加食品生产数量,保证有充足的食物供应,消除饥饿与营养不良;质量安全就是生产的食物应当是无毒无害,保证不致人中毒、患病或有其他潜在危害。简而言之,食品必须是无公害的,不能对人体健康构成危害。食品安全原则体现了数量和质量的辩证统一,既排除了离开解决温饱这个最根本的问题而片面强调质量,又不能单纯追求数量而滥用人工合成化学品(化肥、农药、激素等),形成污染公害,威胁人类健康安全。随着世界持续农业运动的发展和各种国际会议的频繁召开,我国于 1991 年开始进行绿色食品的开发,为加快工作进展,1992 年由人事部批准,在农业部成立了保障绿色食品生产发展的专门机构,1994 年 4 月我国政府发表了《中国 21 世纪议程——中国 21 世纪人口、环境与发展白皮书》,提出了农业和农村的可持续发展是中国可持续发展的根本保证和优先领域,增加农业投入,提高综合生产力水平,保障食品安全,促进生态环境保护和资源合理利用。1994 年 10 月我国加入世界持续农业协会,成为世界持续农业协会的会员。为了加强管理,促进有机食品和绿色食品生产的健康发展,国家环保总局有机食品发展中心根据国际有机农业运动联合会颁布的有机农业生产和食品加工基本标准,借鉴国际有机作物促进会(OCIA)以及其他国家有机农业规范性章程,结合我国食品行业标准和具体情况,制订了一系列产品标准、管理办法及生产操作规程,为促进绿色食品的发展起到积极作用。

我国有机食品和绿色食品经过几年的试点和探索,取得了一些经验,为提高我国农产品质量安全水平起到了较好的示范带动作用,但也存在着资金短缺,市场适应能力脆弱,管理和开发乏力等制约因素,难以大面积推进,有机食品和绿色食品生产占全国食品总量的比例极小,我国农产品整体质量安全仍然面临着严峻形势。为此,中共中央、国务院提出了加快实施"无公害食品行动计划"的要求,农业部在北京、天津、上海和深圳等4个城市试点的基础上,从2002年开始在全国范围内推进"无公害食品行动计划",并颁布了《无公害农产品管理办法》,同年7月召开了全国绿色食品工作会议,明确提出了实施"无公害食品行动计划"是当前食品质量安全工作的主攻方向和紧迫任务,要把加强绿色食品工作与组织实施"无公害食品行动计划"结合起来,统一部署,整体推进,同时印发了《全面推进"无公害食品行动计划"的实施意见》和无公害农产品规范管理与技术标准、操作规程等文件,力争用5年左右的时间,实现我国农产品的生产与消费安全。无公害水产品生产是我国"无公害农产品行动计划"的重要组成部分,在2002年7月公布的72项无公害食品标准中,有25项是水产品标准,占无公害食品标准的34%。

随着我国加入世界贸易组织(WTO)参与全球经济化竞争,我国出口水产品因质量与卫生安全不符合进口国的要求而被拒之门外的事件时有发生。如前几年出现的氯霉素、甲醛、恩诺沙星和孔雀石绿残留事件,导致鳗鱼产品价格从原来的每吨8万元下降至3万元,给我国鳗鱼养殖业和加工业造成灭顶之灾。接踵而至的是国际市场特别是进口国对我国的水产品质量与安全提出更加苛刻的要求,如美国公布禁止在进口动物源性食品中使用11种药物名单,日本也列出对我国动物源性食品批准检测11种药物名单,2005年日本拟对水产品检测项目由800项提高到2 600项等技术壁垒。因此,发展健康高效养殖,生产无公害、有机或绿色水产品是我们的当务之急。

三、国内外淡水鱼健康高效养殖发展现状

我国是世界第一水产养殖大国,自1994年以来我国水产品总量一直位于世界前列。我国对健康养殖的研究已起步,这主要是

由于近几年淡水鱼类等的大规模病害的暴发使人们开始认识到健康养殖的必要性。我国淡水鱼类养殖中的综合养殖技术,包含了许多健康养殖的内容。近年来,我国健康养殖研究在优化养殖环境、动物疫病防治、优质饲料配制、药物及饲料添加剂监管等方面也取得了一定成效。如在池塘动力学和微生物生态学方面进行了深入的研究,在光合细菌等有益微生物以及养殖系统内部水质调控和病害防治等方面都取得了较好的结果;对湖泊中不同增养殖方式对水体环境的影响及可持续发展技术、模式进行了广泛的研究;对鱼类种质遗传改良、健康亲本、苗种的选育工作,渔用饲料的研究,疾病预防和诊断技术,养殖容纳量的研究以及生态养殖的开发等均有了一些初步成果。另外,农业部制订下发的水产养殖增长方式转变行动实施方案提出了3个转变方向,一是推行水产健康养殖方式,促进水产养殖向资源节约、环境友好的方向转变;二是推广水产良种和渔业科技,促进水产养殖向效益型增长方式转变;三是实施水产养殖生产全程质量监控,促进水产养殖业发展由数量型向质量型转变。这是我国渔业发展过程中又一次方向性调整,是从传统养殖方式向现代养殖、生态健康养殖方式的转变。在处理养殖与环境的关系上,倡导"人与自然和谐共存,协调发展"的理念,不管采用哪种方式,都应以不污染环境为前提,切实改变"重产量增长、轻规范管理"的陈旧思维模式。当前存在的问题是:我国的健康养殖模式尚未完善,健康养殖技术方向研究过分单调,研究资金的投入还远远不够,养殖管理理念还需进一步转变,绿色饲料的使用仍需大面积推广。此外,我国健康养殖研究的广度与深度还十分有限,加上对健康养殖概念的理解和认识上存在一定的片面与分歧,许多具体的健康养殖模式尚处于尝试、探索阶段。21 世纪我国将面临更大的人口压力,水产养殖业的长期可持续发展对于解决 13 亿人口的食物保障问题将起到至关重要的作用。因此,健康养殖技术和可持续发展战略将成为我国 21 世纪水产养殖研究的重要领域。

四、我国推行淡水鱼健康高效养殖技术的迫切性

我国是水产养殖大国,目前我国水产养殖学科中比较薄弱的应用基础研究、养殖环境的保护技术、疫病的防治技术、高效的饲料技术、适宜于高密度养殖品种的选育等,均是当前迫切需要解决的"瓶颈"。我国加入世界贸易组织后,在全球经济一体化的形势下,人们对安全、卫生、高质量水产品的要求日益增长,水产品的药物残留问题已引起了社会的普遍关注。世界贸易壁垒的打破并未迅速给我国水产养殖业带来春天,相反,一度刺激了我国低水平养殖的急剧膨胀,大量良莠不齐的产品涌上市场,又在出口通道上遭遇绿色屏障,这使我国水产品的生产、出口、消费都不同程度地受到负面影响和冲击,暴露出养殖水产品质量的安全隐患。面对其他国家如此坚厚的壁垒,破解的关键就是加强养殖生产过程的管理,从养殖源头到餐桌,采取生态养殖、健康养殖的方式,减少养殖病害发生,生产出优质的水产品,以适应国内外对水产品质量与卫生安全的要求,促进水产品贸易的发展。与此同时,随着人们食品健康消费意识的提高,激素滥用、色素添加投喂、药残等风波或传闻,让国人对许多养殖产品望而却步。如果说 20 世纪 90 年代初暴发性疾病冲击波唤醒了国人的健康养殖意识,那么日趋严重的生态危机、市场危机、诚信危机无异于当头棒喝,使越来越多的人清醒地认识到发展健康养殖,迎头赶超国际先进水平,是我国水产养殖业走出低谷的唯一出路。

健康养殖技术相对于传统的养殖技术与管理而言,涵盖了更广泛的内容。它不但要求有健康的养殖产品,保证人类食品的安全,而且还要求养殖生态环境符合养殖品种的生态学要求,养殖品种应保持相对稳定的种质特性。在有限的渔业资源条件下,渔业

的可持续增长必然要在养殖渔业上寻求发展,增加养殖密度,提高单位水体产量,适当增加可养水域。然而应用已有的传统养殖技术,已难以大幅度提高单位面积产量,养殖比较效益下降;水产品质量下降,养殖环境恶化;主要养殖品种疫病严重,而且多呈暴发性流行。为了应付养殖疾病和生长缓慢,人们提高养殖密度,不当的使用药物和添加剂,这不但没有抑制疫病流行,反而因此而导致环境污染与食物污染,对人类食品安全构成威胁。因此,发展健康养殖技术和管理,已是我国养殖渔业实现现代化的必然趋势,也是从根本上实现水产品安全的途径之一。因此,推行我国水产健康养殖技术具有以下几点迫切性。

(一)增强国际、国内市场竞争力的需要

随着我国加入世界贸易组织参与全球经济化竞争,我国出口水产品因质量与卫生安全不符合进口国的要求而被拒之门外的事件时有发生。进口国对我国水产品的质量与安全设置了一些技术壁垒。面对坚厚的壁垒,破解的关键就是加强养殖生产过程的管理,从养殖源头到餐桌,采取生态养殖、健康养殖的方式,减少养殖病害发生,生产出优质的水产品,以适应国内外对水产品质量与卫生安全的要求,促进水产品贸易的发展。

(二)提高渔业经济效益和优化产业结构的需要

我国虽是渔业大国,但在水产品种类、养殖模式、经营体制、技术含量、经济价值等方面与先进国家相比还有较大的差距。目前,我国水产品生产存在着对质量重视不够、形成产品科技含量低、产品质量安全性较差等问题,具体表现在大部分地区养殖模式停留在半精养阶段,经营模式大多以个体农户为主,经营规模小、设备差、产业链短、产业层次低、应对市场竞争能力差。实践证明,要改变这一状况,就必须对渔业结构进行调整,优化资源组合,加快实

施健康养殖模式,建设与生态环境相和谐的现代化渔业,将我国的渔业质量与层次提高到一个新的水平。

(三)保护生态环境和实施可持续发展战略的需要

人口膨胀、环境恶化和资源衰退是 21 世纪所面临的三大共同难题。环境恶化和资源衰退成为当前制约渔业可持续发展的焦点。主要体现在有些地区不顾渔业环境容量,盲目扩大养殖规模,造成渔业水域环境自身污染严重;养殖技术人员素质低,在养殖生产过程中,特别是对养殖生物的防病治病仅凭经验,乱用、滥用药物,为水产品质量安全埋下药残的隐患;渔用饲料和新鲜饲料投喂不科学、不合理,产生水环境的次生污染;重产量、轻质量,只顾当前利益而不顾长远利益。因此,开展水产品健康养殖技术是以提高产品质量和综合效益为目标,依靠科技进步,不断调整优化结构,逐步推进产业化进程,实现水产养殖业持续、稳定、健康发展。

(四)保护生产者和消费者健康利益的需要

目前,我国渔业产量已达 4 900 多万吨,人均占有量为 37 千克,不仅成功地解决了我国 13 亿人口的"吃鱼难"问题,有时还季节性地出现了供大于求的局面,特别是随着人民生活水平的提高,已从单纯的追求数量转向更多讲究质量,注重安全、卫生和美味。自然、无毒、无污染、无药残的水产品,是当今市场的导向,是 21 世纪的主导食品。从水产品的生产与消费关系中分析,生产者提供出安全卫生的水产品,让消费者吃得放心,水产品的消费量就上升。生产者为消费者保障其健康和权益,而消费者增加水产品消费促使养殖业持续发展,质量安全的水产品是消费量增加的基本前提。因此,这就要求水产品生产方式的改革,要摒弃以前那种追求"快速"和"大量"的掠夺式生产的养殖观念,重视社会效益、生态效益,大力推广高效、生态、健康养殖技术和模式,从而生产出受市场欢迎的水产品。

五、淡水鱼健康高效养殖的途径

随着人们生活水平的提高,消费者不仅满足于水产品数量的增加,对水产品质量要求也越来越高,鱼的鲜活度、肉质、药物残留等成为消费者关注的话题。如何为消费者提供优质、丰富的水产品,寻求并开展鱼类健康高效养殖,是水产养殖生产者最重视的问题,也是今后水产养殖发展的方向。实现水产品健康高效养殖,关键要坚持科学管理,规范化操作,全程实施质量安全监测。

(一)加强苗种生产管理,选育抗病、抗逆性强的优质品种

苗种是水产健康高效养殖的物质基础,是基本的生产资料。有些苗种场被短期的经济利益所驱动,只追求苗种的产量,很少在选择优良亲本和培养健康苗种上下工夫,使苗种质量得不到保证,导致养殖种类出现生长缓慢、个体小型化、性成熟早、易患病和成活率低等遗传衰退现象。因此,在大力提倡科学养鱼的同时,应积极开展自育自繁、提纯复壮和选优复壮工作,鼓励新品种的选育与开发,多培养一些抗逆抗病、优质高产的良种。优良养殖品种抗病害和抵御不良环境的能力不仅能降低养殖风险,增加养殖效益,同时也可避免因鱼病频发大量用药对水体可能造成的危害以及对人类健康的影响,为水产健康高效养殖打下坚实的基础。

(二)优化养殖结构,合理搭配养殖品种

根据不同的养殖品种、池塘生产条件、资金、技术设备等条件和市场需求,因地制宜,确定合理的放养模式与放养密度,常见的养殖模式主要有以下几种。

1. 单养　适宜单养的品种主要为主动摄食的肉食性鱼类以

及排他性强的鱼类。

2. 混养　混养有利于栖息水层的合理使用,提高饲料的利用率,减少饲料残留和污染池塘环境,同时也减少病害的发生。但是,混养应兼顾收获的一致性、方便性以及混养鱼类所具有的互益性。

3. 综合养殖　养鱼与种植业、禽畜养殖业有机结合,通过养殖系统内部废弃物的循环再利用,达到对各种资源的最佳利用,最大限度地减少养殖过程中废弃物的产生,在取得理想养殖效果和经济效益的同时,也达到最佳的环境生态效益。

(三)选择好池塘

选择水源充足、无污染的池塘,池塘水的物理和化学特性符合国家渔业水质标准。注排水渠道分开,避免互相污染;在工业污染和市政污染水排放地带建立的养殖场应建有蓄水池,水源经沉淀、净化或必要的消毒后再灌入池塘中;池塘无渗漏,淤泥厚度应小于10厘米;进水口加密网过滤,避免野杂鱼和敌害生物进入鱼池。

(四)健康科学的管理

1. 把好清塘消毒关　及时清淤改造,池塘淤泥中富集大量的重金属和微生物,淤泥过厚不仅影响池塘的载水量,而且易使鱼池水质变坏,酸性增加,鱼体抗病力下降,同时还会使致病微生物大量繁殖导致鱼病暴发流行。高温季节淤泥中含氮有机物的氨化会产生大量有毒气体,有机质氧化分解也会造成鱼缺氧浮头甚至泛塘死亡。因此,池塘灌水时宜用生石灰进行全池消毒,杀灭病原体,调节池水酸碱度。

2. 肥水下塘,提高成活率　用生石灰消毒几天后,即可灌水施肥培肥水质,增加水中的饵料生物,以满足下塘苗种所需要的适口饵料。在鱼苗下塘前必须严格检查清塘药物是否已经彻底失效,若是外运鱼苗应同时注意鱼苗袋中的水温与池塘的水温是否一致。鱼种下塘时应先用食盐水或高锰酸钾溶液等消毒剂对鱼体进行浸泡消毒,如是青鱼、草鱼还要注射疫苗来提高抗病力。

3. 开发优质高效饲料,加强饲养管理　饲料是水产养殖中的重要投入,饲料质量的优劣和饲料投喂技术是否合理,是影响水产养殖效果和环境生态效益的一个重要因素。饲料的质量不但决定饲料本身的转化率,而且对池塘环境起到决定性的影响。所以,应大力开发和研制质量高及稳定性、诱食性和吸收性好并有助于提高免疫功能和抗逆能力,饲料系数低的优质环保型饲料。使用优质高效饲料对于提高养殖产品的质量、降低成本、减少疾病、防止环境污染、提高经济效益等具有决定性作用。另外,科学合理地投喂也是健康高效养殖的关键,应针对各种养殖动物的摄食习性和特点,按照"四看"、"四定"原则科学投喂,最大限度地减少饲料的浪费和对养殖环境的污染。投喂量以鱼吃八成饱为宜,投喂过量,只会造成饲料浪费,引起养殖环境恶化。要定期对池塘、食场、工具进行消毒,消毒使用的药品及方法直接影响着养殖质量。如在投喂前食场用适量生石灰泼洒可使鱼在摄食时置身于药水中,既可对食场进行消毒又可杀灭鱼体表的病原体。另外,还要大力研究和推广应用先进的饲料投喂技术,如自动投喂技术等,以提高投喂效率,从而提高水产养殖的效率。

4. 做好水质调控　池水透明度在一定程度上表示水体中饵料生物的数量。养殖水体透明度以 25～40 厘米为宜,应保持池水肥、活、嫩、爽,溶氧充足,及时清除池塘中的残饵。根据放养鱼特性及时加注新水,调节水质,及时开启增氧机。近年来,在水产养殖业中,微生态制剂(从天然环境中经严格筛选提取分离出来的双歧杆菌、乳酸菌、芽孢杆菌、酵母菌、光合细菌等有益微生物,经培养扩增后制成的活菌制剂)作为水质改良剂,对鱼类健康、预防疾病、促进生长和品质改善起到了显著作用,并以无毒副作用、无耐药性、无残留污染、效果显著等特点逐渐得到广大水产养殖业者的认可,微生物技术在水产养殖业的应用越来越受到人们的重视,微生态制剂生产和应用出现快速增长的趋势。

5. 搞好病害防治 病害问题已成为制约水产养殖业进一步发展,影响水产品质量的主要因素之一。目前。我国已发现的水产动物病害有近百种,每年有 20%～30% 的养殖面积受到病害侵袭,直接经济损失在 100 亿元以上。究其原因,一是我国水产养殖业的健康管理和病害控制技术的研究远远滞后于生产的发展;二是养殖环境恶化,导致病害频繁发生,甚至大批死亡。而滥用渔药不仅增加了养殖成本,影响经济效益,而且水产品质量下降,给人类的健康带来严重的威胁。

病害防治除做好放养前的清塘消毒外,在养殖全过程中要保持水质清新,饲料新鲜充足,应主要以生物防治为主,如合理搭配鲢鱼、鳙鱼等滤食性鱼类,采用光合细菌等调节水质,减少化学药品用量,避免药物残留,坚决杜绝高毒、高残留药物,严格遵守渔药休药期的规定,最大限度地减少水产品中的药物残留。目前,养殖生产中使用的渔药很多是由人药、兽药和无机盐类配制而成,针对性不强,不少渔药残留严重,应提倡在水产养殖过程中使用中草药或绿色环保型渔药,禁止使用国家颁布的违禁渔药。利用天然药、自然药和有益生物种群,改善水体环境和治疗鱼病,它们既不破坏水域环境的生态平衡,不产生药物残留,防治效果好,又能养护生态环境。同时,我们要加快生物渔药的研制,开发新型高效疫苗,利用有益菌群争夺水生病原生物的栖息条件,制约病原生物的繁衍,直接吞噬病原生物或与其进行种间的生存竞争,达到控制水产病害的目的。我们只有把握住以上技术环节,切实贯彻"预防为主、防治结合"的原则,才能生产出符合标准的无公害水产品,保证我国水产养殖业持续、健康、稳定的发展。

(五)加强水产品质量监督检测体系建设和质量认证

一是加快建立和完善省、市级渔业环境监测体系。在全国沿海主要港湾和渔区以及内陆主要的河流、库区建立渔业环境监测站,并配备相应的仪器设备,加强检测。二是加快制修订渔业行业标准。以养殖品种、渔业饲料、水产加工品为重点,加快标准制修订步伐,并将种苗、养殖规程、养殖环境、鱼病防治以及渔业产品的收获、贮藏、运输、加工等全过程纳入质量管理范畴,制定和推行无公害水产品标准和产地环境条件等综合性标准,同时要在全行业内推行渔业产品标准化和注册商标,严禁"三无"产品进入市场。三是加快建立和完善水产品质量监督检测体系。在全国渔业主产区抓紧建立水产品质量检验站,对水产苗种、亲体、渔用饲料的产品质量进行检测,特别要对水产保鲜加工品、大宗养殖品种等的药物残留、重金属含量、微生物指标以及添加剂含量等进行监督检测,提高水产品的质量与安全。明确领导分工,设立专门科室,负责渔业标准化和水产品质量管理工作,加强水产技术推广和水产品质检测队伍建设,充实专业人员,加强技术培训,加快知识更新,尽快适应推行渔业标准化工作的需要。在沿海渔村进行深入广泛的宣传教育和培训工作,逐步在广大渔村干部群众中普及水产标准化基本知识。有计划、有步骤地在重点水产养殖区、专业生产基地和流通市场建立一批水产品质量检测机构,鼓励龙头企业、专业协会、专业市场等在水产业标准化主管部门指导下,建立符合要求的检测站点。对产品实行全过程质量控制,尽快建立健全认证机构,完善认证管理办法,加强水产品质量认证。

第二章 我国主要淡水养殖鱼类品种

我国淡水池塘养殖的主要对象以青鱼、草鱼、鲢鱼、鳙鱼、鲤鱼、鲫鱼、团头鲂、鲮鱼以及罗非鱼等种类最为普及。如 2006 年我国淡水鱼养殖产量中,鲢鱼、鳙鱼(滤食性)占 36％,草鱼、团头鲂(草食性)占 27％,鲤鱼、鲫鱼、罗非鱼(杂食性)占 33％,青鱼、鲶鱼、乌鳢(肉食性)占 4％。这些鱼类是我国劳动人民通过长期养殖生产实践,通过与其他鱼类的比较选择出来的,具有生长快、苗种易得、食物链短、饲料来源广泛、对环境适应性强等良好的生产性能。

一、四大家鱼

四大家鱼是指最为我国人民熟悉的青鱼、草鱼、鲢鱼和鳙鱼 4 种食用鱼类。这是经过 1 000 多年的人工选择而形成的优良水产品种,它们同属鲤科鱼类,至今广泛分布于我国各大水系,在养殖水体和天然水域中都大量存在。唐代以前,鲤鱼是养殖最为广泛的淡水鱼类,但是因为唐皇室姓李,所以当时鲤鱼的养殖、捕捞、销售均被禁止。渔业者只得从事其他品种的生产,这就产生了青、草、鲢、鳙四大家鱼。在北宋时期,四大家鱼继续发展,开始在更广泛的区域养殖,当时在长江、珠江的养殖逐渐兴盛起来。根据周密(1232～1298)《癸辛杂志》的记载,四大家鱼鱼苗的捕获、运输、筛选、贩卖已经达到专业化程度。宋代还产生了四大家鱼混养技术,而且迅速普及。混养技术不仅充分利用了养殖资源,而且丰富了养鱼户的产品结构,降低了生产风险。由于四大家鱼抗病力强,鱼苗可以大批量生产,生长迅速,这四类鱼的生长拐点年龄均比其性成熟年龄大 2~3 龄,性成熟后仍会继续生长,因此非常适于作为大众食用鱼。在我国的淡水养殖品种结构中,四大家鱼一直占据主要位置,长期以来四大家鱼的产量是淡水鱼类总产量的 80% 左右。20 世纪 80 年代以后,随着我国淡水养殖迅速发展,国内土著种类驯化养殖和国外养殖鱼类引进步伐加快,养殖结构发生深刻变化,鲤鱼、鲫鱼、鳊鱼、团头鲂、罗非鱼等中型鱼类养殖迅速崛起,四大家鱼产量所占比例开始下降,但仍然占据淡水鱼类产量的相当比例(表2-1)。

表 2-1　2006 年内陆水产养殖品种、产量及比例

食　性	种　类	产　量	比　例
滤食性	鲢鱼、鳙鱼	582 万吨	36%
草食性	草鱼、鳊鱼	401 万吨	27%
肉食性	青鱼、鲶鱼、乌鳢	66 万吨	4%
杂食性	鲤鱼、鲫鱼、罗非鱼	486 万吨	33%

(一)鲢　鱼

属鲢亚科,鲢属,俗称鲢子、白鲢。体侧扁而较高,背部圆,腹部窄,腹棱完全,自胸鳍基部至生殖孔间有刀刃状的腹棱。头大,一般占体长的 1/4,口斜而大,端位,下颌稍向上翘,吻钝。下咽齿单行,齿式为 4/4。鳃耙细密,每根鳃耙与相邻鳃耙之间有骨质连接物,外面覆盖着海绵状的筛膜,有蜗状的鳃上器,鳞片小易脱落,侧线完整。胸鳍较长,一直延伸至腹鳍起点。生活在水体上层,性活泼,善跳跃。主食浮游植物,其饵料成分主要包括硅藻、甲藻、黄藻、金藻和部分绿藻、蓝藻以及腐殖质、细菌团等,也能吞食商品饲料。此鱼终年生长摄食,但以夏季和秋季强度最大。在肥水池塘中生长很快,在几种鱼混养的情况下,秋季水温稍下降时生长速度反而加快。在池塘养殖的条件下,体长为 17 厘米的鱼种,当年体

重可达 0.5～1 千克。鲢鱼属大型鱼类,最大个体可达 25 千克。在长江流域鲢鱼性成熟年龄一般在 3～4 龄,体长达 70 厘米、体重达 5 千克就可产卵。繁殖季节在 4 月中旬至 7 月份,而以 5～6 月份较为集中。卵为浮性,怀卵量为 45 万～100 万粒。珠江流域的鲢鱼性成熟年龄和大小都显著小些,鱼卵和刚孵化出的幼鱼顺水下流,幼鱼进入河湾、港汊或湖泊等河流附属水体中生长、肥育,成熟个体则洄游至干流流水中产卵,繁殖后再回到湖泊中肥育,冬天返回河道深处越冬。鲢鱼是我国主要养殖鱼类,因其特有的短食物链食性,在我国淡水养殖中占有特别重要的地位,不仅在淡水养殖产量中占有较大的比重,在一些富营养程度高的湖泊还被大量移养,作为改善水质,进行生态修复的有效物种之一。

(二)鳙　鱼

属鲢亚科,鳙属,俗称花鲢、胖头鱼、黑鲢、黄鲢。鳙鱼体侧扁,头极肥大。口大,端位,下颌稍向上倾斜,下咽齿单行,齿式为4/4。鳃耙细密呈页状,但没有骨质桥,也没有筛膜,因此滤水作用较快,滤集浮游生物的能力较大。口咽腔上部有螺形的鳃上器。眼小,位置偏低。无须,下咽齿勺形,齿面平滑。鳞片小,腹面仅腹鳍至肛门具皮质腹棱。胸鳍长,末端远超过腹鳍基部。体侧上半部呈灰黑色,腹部呈灰白色,两侧杂有许多浅黄色和黑色的不规则小斑点。鳙鱼喜欢生活于静水的中上层,动作较迟缓,不喜跳跃。鳙鱼的食物也是水体中大量生长的浮游生物,其中以浮游动物为主食,亦食一些藻类。从食性的特点可以看出,鳙鱼是一种生活在水体中上层的鱼类。在人工饲养的条件下,可大量利用粉状饼粕类商品饲料。性成熟年龄为 4～5 龄,怀卵量 100 万粒左右。亲鱼于 5～7 月份在江河水温为20℃～27℃时,在有急流泡漩水的江段繁殖。幼鱼到沿江的湖泊和附属水体中生长,到性成熟时返回江中繁殖,以后再回到湖泊里食物丰富的地方生长。冬季多栖息于河床和较深的岩坑中越冬。我国各大水系均有此鱼,但以长江流域中下游地区为主要产地。鳙鱼属大型鱼类,天然水体中最大个体可达 50 千克以上。生长速度较快,以 2 龄增长最为迅速,在天然水体中 3 龄鱼体重可达 4～5 千克,在池塘中养殖生长速度较快,3龄体重可达 2～2.5 千克。由于生长快,疾病少,易饲养,一向被认为是我国优良的饲养鱼类。近年来,随着淡水养殖对象的变化,在四大家鱼产量中鳙鱼产量比例明显增加。

(三)草 鱼

属雅罗鱼亚科,草鱼属,俗称鲩、油鲩、草鲩、白鲩、草鱼、草根(东北地区)、混子等。草鱼体形细长,呈扁圆形,腹部圆,口端位,吻宽而短钝,眼前部稍扁平,下颌较短,鳞片大。体色呈淡青绿色,背部和头部色较深,腹部呈灰白色,各鳍均呈淡灰色,没有触须,下咽齿 2 行,呈锯齿状,齿式为 2.4-5/4-5.2。肠较长,为体长的 2～4倍。草鱼是典型的草食性鱼类,仔鱼、稚鱼和早期幼鱼阶段主要摄食动物性饵料,以浮游动物、摇蚊幼虫等为主,也吃部分藻类、浮萍与芜萍。随着下咽齿的发育和肠管的加长而改变食性,体长 10 厘米的幼鱼,即可完全摄食高等水生植物,如苦草、轮叶黑藻、马来眼子菜、大小茨藻、菱草以及各种牧草、禾本科植物、蔬菜及其他植物的瓜、藤、叶,亦食商品饲料。草鱼是大型鱼类,最大体重可达 40多千克。生长迅速,1 龄鱼体重可达 0.75～2 千克,2 龄鱼体重可达 1.5～3 千克,3 龄鱼体重可达 3.5～5 千克,4 龄鱼体重可达7～9 千克。草鱼属半洄游性鱼类,栖息于水体中下层,生活在天然水体的江河湖泊中。性情活泼,游泳迅速,常集群觅食。通常在湖泊水草丰盛的水体、浅滩摄食肥育,冬季多在深水区越冬。成熟年龄一般为 4～5 龄,天然水体内最小产卵雌性个体约为 5 千克。人工繁殖用亲鱼个体重一般在 5 千克以上,绝对怀卵量为 30 万～138万粒,生活在长江中的亲鱼,每年都上溯至中游江段产卵,产卵期为 4～6 月份,盛产期为 5 月份。产漂浮性卵,随江水漂流孵化。在池塘环境下养殖,草鱼的弱点是病害较多,特别是 1 龄鱼种,发病率往往可达到 30%～50%。草鱼分布很广,是我国重要淡水经济鱼类之一,是天然水体鱼类资源和养殖的重要种类,是我国传统优良养殖鱼类。近几十年来,不少国家从我国引进草鱼,如日本、东南亚各国及东欧一些国家,都在养殖我国的草鱼。

(四)青 鱼

属雅罗鱼亚科,青鱼属,俗称黑鲩、乌青、青鲩、螺蛳青。青鱼是大型鱼类,体形与草鱼相似。身体背部呈青灰色或蓝黑色,体色从背部至两侧由青灰色逐渐转淡。腹部呈浅灰色,带灰白色。各鳍均显黑色。鳞大,侧线鳞 39～46 枚。身体延长,略呈扁圆形,头顶部宽平,腹部圆,尾部稍侧扁。口端位,呈弧形,鳃耙短小,具有强壮的咽喉齿,单行,呈臼状,齿式 4/5。为近底层鱼类,多栖息在水体中下层,一般不游至水面。肠管直而短,食性比较单纯,以软体动物螺、蚬为主要食物,仔鱼、稚鱼和早期幼鱼阶段则以浮游动物为主要食物,体长达 15 厘米以后,随着下咽齿的发育,开始摄食幼小的螺、蚬等。在人工饲养条件下的鱼种阶段,还喜食饼粕类和配合颗粒饲料。青鱼的生长速度位于四大家鱼之首,1 龄鱼体重可长至 0.5 千克,2 龄鱼体重可长至 2.5～3 千克,3 龄鱼在良好的环境中体重可长至 6.5～7.5 千克。个体也最大,最大体重可达 70 千克,江河湖泊中常见到 15～25 千克重的个体。在天然水域中,青鱼的性成熟年龄在 4～5 龄,成熟雌鱼最小个体体长为 88 厘米,体重约 10 千克;成熟雄鱼最小个体体长为 83 厘米,体重约 8.5 千克。池塘饲养的青鱼一般 7 龄达到性成熟。绝对怀卵量为 26 万～700 万粒。青鱼在长江中的产卵期为 5～7 月份,略晚于鲢鱼和草鱼。进入产卵期时,亲鱼上溯至长江中游产卵,卵为漂浮性,随江水漂浮孵化。池养青鱼病害较多,死亡率较高,尤其是 2

龄青鱼发病率最高。鉴于其食性狭窄，天然水体中螺、蚬资源有限，养殖数量较少，一般只作为配养品种，但肉味鲜美，是经济价值较高的优良品种之一。

二、鲤　鱼

属鲤鲫亚科，鲤属，俗称土鲤、鲤拐子、花鱼。鲤鱼是我国重要的养殖鱼类。体长形，侧扁而腹部浑圆，背部在背鳍前稍隆起。口端位，呈马蹄形，口角有须 2 对。内侧的下咽齿呈臼齿型，多为 3 行，咀嚼面有明显的沟纹。背鳍和腹鳍都有 1 根锯齿状的硬刺。身体背部呈暗黑色，体侧呈暗黄色，腹部灰白色，尾鳍下叶呈金红色。0.5～2.5 千克的个体最为普遍，偶有 15～17.5 千克的个体，鲤鱼是广适性定居鱼类，适应能力极强，能在各种水域，甚至恶劣的环境条件下生存。喜欢在大水面沿岸带水体下层活动，尤其喜爱水草丛生和底质松软的环境。食性广泛，喜食螺类、河蚬、幼蚌、摇蚊幼虫及其他昆虫幼虫、水蚯蚓、虾类与小鱼等动物性食物，也食各种水生维管束植物、腐烂的植物碎片以及藻类等。在池塘饲养的鲤鱼对各种商品饲料也很喜食，并常与鲫鱼一起作为配养鱼种吞食其他鱼类的残饵剩食，成为池塘中的"清洁工"。鲤鱼达到第一次性成熟的年龄一般为 2 龄，在长江中下游和华南地区，1 龄也可性成熟。繁殖季节通常在 4～6 月份，当水温达到 18℃以上时开始繁殖，成熟的鲤鱼在静水和流水水体中都可产卵。卵属黏性卵，产出后黏附在水草上。卵直径 1.7 毫米左右，当水温在 25℃左右时，1.5～2 天即孵出，刚孵出的鱼苗悬浮在氧气较充足的近水表面的水草上。鲤鱼生长较快，在同龄鱼中雌鱼个体较雄鱼大，而以 1～2 龄生长速度最快。

我国是世界上饲养鲤鱼历史最悠久的国家，其分布遍及全国。长期以来，由于长期自然选择和人工培育的结果，鲤鱼形成了许多亚种和杂交种,它们不仅在体形和体色上有许多不同,在生长、产量、抗病力、肉质、起捕率等经济性状上也有差异,如东北的革鲤和散鳞镜鲤,新疆的西鲤,华北地区的黄河鲤,南方地区的兴国红鲤、荷包红鲤、元江鲤、杞麓鲤等。但就体形而言,大致可分为长形鲤和团(短)形鲤2类。长形鲤呈纺锤形,身体的横切面侧扁而较圆,体长为体高的2.5～3倍,在江河生活的野鲤一般均为长形。团形鲤身侧面观呈椭圆形,身体的横切面呈圆形,体长为体高的2～2.5倍,多为家养的品种。长期以来,人们利用这些具有不同特点的鲤鱼进行杂交,选育出许多优质的杂交鲤品种,如丰鲤、荷元鲤、岳鲤、芙蓉鲤、中州鲤等(表2-2)。

表2-2 杂交鲤的外观形态特征及经济性状

种类 特征		丰 鲤 兴国红鲤♀ ×散鳞镜鲤♂	荷元鲤 荷包红鲤♀ ×元江鲤♂	岳 鲤 荷包红鲤♀ ×湘江野鲤♂	芙蓉鲤 散鳞镜鲤♀ ×兴国红鲤♂	中州鲤 荷包红鲤♀ ×黄河鲤♂
形态特征	体 形	纺锤形	团 形	团 形	纺锤形	团 形
	体 色	青灰色	青灰色	青灰色	青灰色	青黄色
	鳞 型	全 鳞	全 鳞	全 鳞	全 鳞	全 鳞
	体长/体高	2.4～2.7	2.2～2.5	2.5～2.7	2.1～2.5	2.2～2.6
	体长/头长	3.5～4	3～3.8	3.7～3.8	3～3.4	3.2～3.8
	体长/体宽	4.2～4.7	3.4～4.5	3.9～4.5	—	3.7～4.6
	侧线鳞	33～37	33～38	36～38	35～38	35～38
经济性状	当年个体重	0.7～1.2 千克	0.5千克 以上	0.5～1.2 千克	0.7～1 千克	0.6～0.8 千克
	个体增重量	32%～50%	30%～50%	25%～50%	40%～50%	21%～52%
	含肉率	67.8%	69%	—	76.3%	75.3%

三、鲫　鱼

属鲤鲫亚科,鲫属,我国有 2 个种(鲫鱼和黑鲫)和 1 个亚种(银鲫)。

鲫鱼又称野鲫、土鲫、曹鱼、刀子鱼等。分布广泛,我国除青藏高原外,几乎遍布全国各地的江河、湖泊、水库、池塘、山塘、外荡、沟渠、沼泽和水草丛生的大小水体,是我国分布最广、群体产量较高的中型经济鱼类之一。身体侧扁,略厚而高,腹部圆,头小,眼较大。吻钝,其长度小于宽度。口小,端位,无须。背鳍和臀鳍最后一根硬刺后缘具锯齿,体色背部呈灰黑色,腹部呈灰白色,各鳍呈灰色。不同水体生长的鲫鱼,由于环境条件影响,体形与结构可有一定变异。鲫鱼为广适性底层鱼类,在深水和浅水、清水或浊水、流水或静水、大水体或小水体中均可以生活。生命力较强,对各种环境条件有广泛的适应能力,甚至在低氧、碱性较大的不良水体中也能生长繁殖,喜栖于水草丛生的浅水河湾与湖泊沿岸带内。鲫鱼是杂食性鱼类,在天然水域中以水生维管束植物与藻类为主,也摄食相当数量的软体动物、摇蚊幼虫、水蚯蚓和虾,还吃少量枝角类、桡足类等浮游生物。在人工饲养条件下食性相当广泛,不仅喜食麸皮、豆饼、菜籽饼、米糠、配合颗粒饲料等,而且能直接利用各种家畜、家禽的粪便。1 龄鱼即可达到性成熟,产卵的雌鱼最小个体为 64 毫米,体重仅 8.6 克。成鱼性比通常雌性多于雄性。卵黏性,呈浅黄色,稍透明,可在静水中产卵繁殖,但喜流水刺激,成熟个体卵巢周年变化以 Ⅳ 期持续时间最长,由 11 月份至翌年 4 月份。繁殖季节在 4 月下旬至 7 月上旬,为分批产卵类型,即在一年的繁殖季节内可产卵数次。在长江中下游地区产卵盛期多在 5 月中下旬。鲫鱼肉味鲜嫩,营养丰富,但生长速度相对比较缓慢,长期以来在传统的池塘养殖中只是作为配养对象。

黑鲫又名金鲫、欧洲鲫，主要分布在我国新疆地区北部的额尔齐斯河水系。体侧扁，体形与鲤鱼有些相似，但个体较小，口角无须，体色呈淡金黄色。在天然环境条件下，生长较慢，属于中小型经济鱼类，国内仅有新疆地区进行少量人工饲养。

银鲫又称东北银鲫、方正银鲫、海拉尔银鲫、新疆银鲫、滇池高背鲫、淇河鲫、普安鲫等，以不同的地理分布位置而有不同的名称。银鲫的主要特点是生长快、个体大、适应性强、杂食性、容易繁殖、病害少和肉味鲜美。体侧扁，且较高，平均体长为体高的 2.16 倍。侧线鳞为 29～33 枚。背鳍第四根硬棘较粗，背鳍外缘平直。尾鳍分叉，上、下叶末端尖。体色呈银灰白色。鳃耙数目为 40～55 根，短而稀疏。杂食性，在幼鱼阶段主食浮游生物、昆虫幼虫、有机碎屑和一些商品饲料，在成鱼阶段摄食有机碎屑和腐殖饵料、浮游生物以及各种商品饲料。银鲫生长迅速，个体大，在天然水体中，体重一般在 1～2 千克，最大个体约 3 千克。在长江流域人工饲养条件下，1 龄个体重 250 克左右，最大个体可达 750 克。在天然水域银鲫的性成熟年龄一般为 2～3 龄，在人工饲养条件下 1 龄鱼即可性成熟。银鲫性比差异很大，生活在黑龙江省的银鲫，基本上都有属于两性型种群，即在同一水体中雌、雄同地共栖。在同一群体中雄鱼约占 10%（如方正水库）。河南省的淇河鲫雌、雄比例约为 10：0.73。云南省滇池的高背鲫在自然条件下未见雄性个体。在人工饲养条件下雄性比例提高，如在黑龙江省当年方正鲫子代（体长 10 厘米）雄性占 40%，云南省滇池高背鲫则出现 0.5% 的雄性个体。四川省成都市饲养的银鲫中，当个体长到 6.1～14.5 厘米时雄鱼占 31.4%，当体长为 15.4～18.5 厘米时雄鱼只占 5.95%。因此，有人提出银鲫在 12 厘米以上时可能存在性逆转现象。

银鲫产卵水温一般在 12℃～28℃，22℃～24℃ 为最适温度。产出的黏性卵，呈微黄色或淡灰绿色。雌核发育的银鲫，可以是同种雄鱼婚配，也可以与异种雄鱼交配。银鲫喜欢栖息在底层的静水中,在江河、湖泊、水库、低洼沼泽、池塘等无毒水体中都能生活,也能经受严寒冰冻和酷暑炎热的气候,适应性强。此外,对低溶氧有较长时间的忍耐能力。普通鲫鱼浮头时水中的溶氧浓度为 0.3 毫克/升,而银鲫为 0.23 毫克/升。以窒息点而论,银鲫只有 0.1 毫克/升,从浮头比较严重至全部窒息死亡的持续时间计算银鲫能忍耐 22 小时,抗不良水质的能力较普通鲫鱼强。原产于黑龙江省的方正银鲫初步引入长江流域一带始于 20 世纪 50 年代,但很快中途夭折。70 年代初,江苏省吴江市大批引进东北银鲫包括海拉尔银鲫,此后上海、四川、广东和湖北等省、直辖市也先后引进银鲫,从不同地理环境开创了我国池塘养殖银鲫的新篇章。与此同时,新疆地区对原产地的银鲫进行人工养殖。在 20 世纪 70~80 年代,先后在云南省滇池发现了高背鲫,河南省发现了淇河鲫。在地处高原的贵州省发现了普安鲫。这些银鲫的发现、养殖和研究,对加速我国养殖银鲫的进程起到了积极的促进作用。从 20 世纪 90 年代起,银鲫养殖迅速崛起,养殖面积和产量猛增,目前已经成为我国大江南北许多地区池塘养殖的当家主养品种。表 2-3 为几种优质鲫鱼的主要生物学性状及产地。

表 2-3　几种优质鲫鱼的主要生物学性状及产地

	项 目	方正银鲫	野 鲫	大阪鲫	高背鲫	淇河鲫	彭泽鲫	普安鲫(A型)
生物学性状	体长/体高	2.2~2.4	2.7~2.9	2.3~2.4	2~2.5	1.9~2.4	2.2~3.1	2~2.8
	体长/头长	3.8~4.2	3.6~3.8	3.7~4	3.2~3.8	3.4~4.1	3~4.9	3.3~4.6
	肠长/体长	3.8	3.7	4.6~5.7	3.23	4.6	—	5.7~6.2
	雌:雄	8:2	7:3	1:1	1:0	10:0.7	12:1	1:0
	染色体数目	2n=156 或 162	2n=100	2n=100	3n=162	3n=162	2n=100	2n=156
	生殖方式	雌核发育	有性生殖	有性生殖	雌核发育	雌核发育	有性生殖	雌核发育
产 地		黑龙江省方正县	除西藏高原外	原产日本琵琶湖	云南省昆明市滇池	河南省淇河	江西省彭泽县	贵州省普安县

四、罗 非 鱼

罗非鱼又称非洲鲫鱼,属鲈形亚目,丽鱼科。原产于非洲,有100多种。在非洲有悠久的养殖历史。据 Marr 等人报道,远在公元前 2500 年前埃及人已经养殖罗非鱼了。从那时起或更早些,罗非鱼就是近东和非洲很重要的养殖和捕捞对象,目前已成为世界性主要养殖鱼类之一。我国自 20 世纪 40 年代开始引入养殖,而大规模应用推广则是在 80 年代以后,如今已是我国南方各省普遍养殖的对象。罗非鱼不仅出现在寻常百姓的餐桌上,而且还是我国淡水鱼类中重要的出口产品。罗非鱼是热带性鱼类,不耐低温,其生长与温度有密切关系。在最适温度范围内,加强饲养管理,适量投喂和施肥,能加速其生长。不同品种的罗非鱼适温能力有所不同,莫桑比克罗非鱼可生活在水温为 18℃～37℃ 的范围内,最适生长水温为 25℃～33℃;尼罗罗非鱼生存水温大致为12℃～39℃,最适生长水温为 24℃～35℃;奥利亚罗非鱼抗寒能力较强,可耐 8℃低温。不同大小的罗非鱼抗寒能力和耐高温能力也是不同的,一般而言,中、小鱼强于大鱼和幼鱼。罗非鱼对环境的适应能力很强,能耐低氧,据测定,尼罗罗非鱼的溶氧窒息点是 0.07～0.23 毫克/升,此外个体大小、水温高低、性别不同的罗非鱼耗氧量也不尽相同。罗非鱼为广盐性鱼类,但在中等或中等以上盐度环境中生长缓慢。品种不同耐盐性也有差别,莫桑比克罗非鱼可在海水中生活、生长和繁殖;奥利亚罗非鱼繁殖的最高盐度为 19克/升,但它可以在 36～45 克/升甚至高达 53.5 克/升的盐度下驯化生长;尼罗罗非鱼的耐盐性比其他一些种类的罗非鱼要低,只能耐受 20～30 克/升。尼罗罗非鱼、莫桑比克罗非鱼、奥利亚罗非鱼均为杂食性鱼类。尼罗罗非鱼在成鱼阶段对底栖生物、有机碎屑、浮游生物都能摄食,其中 70% 是蓝藻类。在人工饲养条件下罗非鱼的的饲料非常广泛,浮萍、青菜、米糠、豆饼等都能摄食。罗非鱼的生长曲线基本上符合"S"形。幼鱼时体长增加较快,体重增加相对较慢。当体长增加到一定长度以后,增长速度便开始减慢,而体重则增加得很快。性成熟并发生生殖行为后,雌鱼要口孵、口育造成停食,又需孵卵、护幼消耗大量的能量,生长受到严重影响,故雄鱼的生长速度明显快于雌鱼,且随着生长延续差距越来越大。尼罗罗非鱼雄鱼全长比雌鱼长 30％左右,体重可重 50％～60％,所以养殖全雄罗非鱼是增产、高产的有效途径。目前我国主要养殖品种有尼罗罗非鱼、奥利亚罗非鱼、莫桑比克罗非鱼以及各种组合的杂交后代等。

(一)尼罗罗非鱼

原产于非洲东部、约旦等地。背鳍边缘呈黑色,尾缘终生有明显黑色条纹,呈垂直状。喉、胸部呈白色,尾柄背缘有一黑斑。尾柄高大于尾柄长。尼罗罗非鱼具有生长快、食性杂、耐缺氧、个体大、产量高、肥满度高等优点,因而在我国许多地区可单养或作杂交亲鱼用。

(二)奥利亚罗非鱼

原产于西非尼罗河下游和以色列等地。喉、胸部呈银灰色,背鳍、臀鳍具有暗黑色斜纹,尾鳍呈圆形具有银灰色斑点。奥利亚罗非鱼比尼罗罗非鱼耐寒、耐盐、耐低氧,起捕率高,特别是它们的性染色体为 ZW 型,与尼罗罗非鱼杂交后可产生全雄性罗非鱼,故常用作与尼罗罗非鱼杂交的父本。

(三)莫桑比克罗非鱼

莫桑比克罗非鱼原产于非洲莫桑比克、纳塔尔等地。它与尼罗罗非鱼的区别在于尾鳍黑色条纹不呈垂直状,头背外形呈内凹状。喉、胸部呈暗褐色,背鳍边缘呈红色,腹鳍末端可达臀鳍起点。尾柄高等于尾柄长。因引进过程忽视提纯育种工作,造成品种退化,目前只作杂交鱼的母本。

(四)奥尼罗非鱼

奥尼罗非鱼是奥利亚罗非鱼(雄)与尼罗罗非鱼(雌)的杂交种,外形与母本相似,生长快,雄性率高达 93%,具有明显的杂交优势,且起捕率高,现正成为罗非鱼养殖的主要品种。

(五)吉富尼罗罗非鱼

又称新吉富罗非鱼,这是在 1994 年从菲律宾引进的吉富品系尼罗罗非鱼的基础上,由国际水生生物资源管理中心(ICLARM)等机构通过对 4 个非洲原产地直接引进的尼罗罗非鱼品系(埃及、加纳、肯尼亚、塞内加尔)和 4 个在亚洲养殖比较广泛的尼罗罗非鱼品系(以色列、新加坡、泰国、中国台湾)经混合选育获得的优良品系,从 1996 年起,采用中强度选择、复合性状同步选育技术,表型与遗传型同步跟踪监测,经过连续 9 代选育而形成的优良品种。2006 年 1 月通过了农业部新品种审定,命名为"新吉富罗非鱼"。它是我国引进养殖鱼类的首例人工选育良种,具有生长快、产量高、耐低氧、遗传性状稳定等优点。同国内现有养殖的尼罗罗非鱼品系相比,该鱼生长速度快 5%~30%,起捕率高,耐盐性好,单位面积产量高 20%~30%,遗传性状较为稳定,但雄性率不高。

五、团 头 鲂

属鳊白亚科,鲂属。团头鲂是长江中下游湖泊中的一种较大型经济鱼类。它的肉味鲜美,品质优良。团头鲂体高而侧扁,体长为体高的 2.2~3 倍,尾柄长为尾柄高的 0.8~0.9 倍。口小,端位。背鳍硬刺光滑粗壮,腹鳍至肛门前有腹棱。下咽齿细长,尖端弯曲成钩状。鳃耙短。鳔3室,中室最大,后室很细。腹腔膜呈黑色,背部呈青灰色,腹部呈灰白色。体侧鳞片后端中部黑色素较少,上、下部较多,因此形成很多条灰色的纵条。团头鲂属生长较快的鱼类,第一、第二年生长较快,性成熟后显著减慢,最大个体体重可达4千克。1冬龄体重可达150～200克,最大个体可长至400克;2冬龄体重可达250～500克,最大个体可长至1 000克;3冬龄体重可达1 000～1 500克,最大个体可长至2 250克;4龄体重可达2 000克,最大个体可长至2 800克;5龄体重可达2 500克,最大个体可长至3 500克。团头鲂生活于湖泊敞水区有沉水植物生长的地方,常栖息于中下层。团头鲂是一种草食性鱼类,幼鱼主要摄食藻类、轮虫、枝角类和甲壳类等浮游生物,成鱼以苦草、轮叶黑藻、马来眼子菜等水生维管束植物为主要食料。在人工饲养条件下也食陆草、米糠、饼粕和配合饲料等。在天然水域中,团头鲂在静止或缓流水和水生维管束植物茂密的场所产卵。产卵期为4月下旬至6月份。2龄即性成熟,雌性的最小成熟个体体长为25厘米,体重约450克。怀卵量依个体大小而异,绝对怀卵量为3万～45万粒,雄鱼个体体长为25.8厘米,体重约400克,卵黏性,产出的卵黏附于水生维管束植物上。幼鱼和成鱼均在湖泊中肥育生长,很少游入江河,冬季群集在深水处的泥坑中越冬,是一种典型的湖泊定居性鱼类。

与团头鲂体形特征相仿的还有三角鲂和长春鳊2个种,在分类上习惯称为鳊鱼类,团头鲂和三角鲂在日常生活中往往混称为鳊鱼,实际上是3个不同的种,为便于比较,特列表2-4和表2-5,供参考。

表 2-4 团头鲂、三角鲂和长春鳊的外形、内部比较

项 目		团头鲂	三角鲂	长春鳊
外部形态	头	较 短	较 长	较 长
	口	较宽、无角质物,上、下颌的曲度小	较小,有角质物,上、下颌的曲度大	较 小
	背 鳍	第三硬棘短而呈弧状	第三硬棘长	第三硬棘短而略呈弧状
	胸 鳍	较短,不超过腹鳍基部	较长,超过腹鳍基部	较短,不超过腹鳍基部
	尾 柄	长与高几乎相等	长大于高	长小于高
	体 色	有紫色、黑色条纹	不显著	不显著
	鳞 片	后端中央有一明显白区,常连成醒目的虚线	不显著	不显著
	角质棱	从腹鳍基部至肛门	从腹鳍基部至肛门	从胸腹面直至肛门
内部结构	鳃 耙	第一鳃弧外列数目13~17条,内列21~22条	外列9~21条,内列8~29条	14~20条
	咽 齿	顶端两侧带有棕色或黑色	白 色	白 色
	体腔膜	灰黑色	白色,略有浅灰色	灰黑色
	鳔	3室,中室最大,前室次之	3室,前室最大,中室次之	3室,中室最大,前室外次之
	腹椎和肋骨	13 条	10 条	14 条
	脊椎骨	43(42)条	39(38)条	43~46条
	眶上骨	小而薄,呈三角形	厚而大,略长方形	——

续表 2-4

项　目		团头鲂	三角鲂	长春鳊
食　性		草　类	软体动物和草类	草　类
肠管长度		为体长的 2.7 倍	为体长的 1.8～2.4 倍	为体长的 3 倍
繁殖	性成熟	2　年	3　年	2　年
	怀卵量	3 龄 24 万粒以上	3 龄 17 万粒以上	3 龄 18 万粒以上
	产卵条件及卵的特征	微流水,卵黏性	较急流水,卵黏性	流水,漂浮性卵

表 2-5　团头鲂、三角鲂和长春鳊的主要生物学特征

项　目	团头鲂	三角鲂	长春鳊
栖息水域	湖　泊	江河、湖泊	江河、湖泊
成鱼的食性	草食性,主要摄食苦草、轮叶黑藻、马来眼子菜等水生维管束植物	杂食性,主要摄食水生维管束植物和淡水壳菜	杂食性,包括水生维管束植物、藻类、小鱼和水生昆虫
最大个体重	3.5 千克	5 千克	2 千克
性成熟年龄	2　龄	3　龄	2　龄
鱼卵特性	黏性卵,黏附于水草上	黏性卵,黏附于江底砾石上	漂浮性卵
产卵条件	静水或稍有流水	江河流水	江河流水
越冬场	湖泊深处的坑塘	江河、湖泊的岩石缝隙	江河、湖泊深水处

六、鲮 鱼

属鲃亚科,鲮属,俗称土鲮。分布于珠江流域和海南岛,为南方地区养殖鱼类之一。栖息于水温较高的河流内,产卵期为4～9月份,冬季在河床深水处越冬。体长、侧扁,腹部圆,背部在背鳍前方稍隆起。体长约30厘米。头短,吻圆钝,吻长略大于眼径。眼侧位,眼间距宽。口下位,较小,呈弧形,上、下颌角质化。有须2对,吻须较明显,颌须短小。唇的边缘有多数小乳头状凸起,上唇边缘呈细波形,唇后沟中断。下咽齿3行。鳞中等大,侧线鳞38～41枚。背鳍Ⅲ12,无硬刺,其起点至尾基的距离大于至吻端的距离。臀鳍Ⅲ5,尾鳍分叉深。体上部呈青灰色,腹部呈银白色,体侧在胸鳍基的后上方,有8～9枚鳞片的基部具黑色斑块。幼鱼尾鳍基部有一黑色斑点。鲮鱼以藻类和有机碎屑为食,在天然水体中,最大个体可达4千克,0.1～1千克的个体最多。1龄鱼体长可达15厘米,体重70克左右;2龄鱼体重250克,体长可达25厘米左右,即为食用鱼。鲮鱼产卵时间从每年5月份开始,产卵期延续至10月份。成熟产卵的鱼为3龄,体重约0.5千克。产卵场在河流中上游,以广西梧州地区的西江支流红水河、柳江、黔江、桂江最多。对低温的耐受力很差,冬季在河流深处越冬,水温在7℃以下时即不能存活。

露斯塔野鲮是我国在20世纪70年代末从泰国引进的外来品种,属鲃亚科,野鲮属。原产地为恒河流域,这是南亚次大陆国家传统的养殖鱼类。体形呈棱状,腹部圆,头扁平,吻钝,体色为深青绿色,背部色较深,腹部呈灰白色,鳞片大,多数鳞片有红色半月形斑。眼带红色,各鳍条呈粉红色。幼鱼尾鳍基部具一黑斑。栖息于暖水域,喜跳跃,冬季在水域深处越冬,属底栖性鱼类。食性杂,成鱼以植物为主,幼鱼以浮游生物为主。食量大,摄食力强。最适生长水温为 20℃～30℃。与我国鲮鱼相比,该品种具有生长快、个体大、群体产量高、食性杂、耐低氧、耐肥水、抗病力强、繁殖力强、对低温的耐受力强等优点,而且体大肉多、外形美观、肉质细嫩、味道鲜美、肌间刺少、营养丰富,很快在我国南方地区推广养殖,同时利用该鱼多次产卵、生长快的特点,被广泛用作养殖鳜鱼的理想活饵料鱼。目前,鲮鱼的养殖已北移至长江以南各省、自治区、直辖市。

第三章　池塘环境条件

　　池塘是鱼类生活的环境,其条件优劣不仅直接影响鱼类的生长发育,而且还对放养和养鱼措施产生直接的影响。池塘又是鱼类天然饵料的生产基地,也是有机物氧化分解的场所,三个功能在一个池塘中发挥作用。所以,在人工饲养的条件下,池塘的优劣对能否获得高产起决定性作用。池塘养鱼要高产稳产,既要不断地为鱼类创造良好的生活环境,又要使鱼类不断地得到质好量多的天然饵料和人工饲料,更要促进饵料条件和水的理化条件之间的互相转化。

　　各种鱼类都有一定的生物学特性,对生活的环境条件都有一定的要求,如果适应就有利生长,不适应就影响生长,甚至引起死亡。影响鱼类生长的环境因子,主要有水的容积、水温、透明度、水的运动、溶解气体、pH 值、营养盐类、溶解有机质、饵料生物、病敌害等,这些因子不仅与池塘的基本条件及所有增产措施有密切的关系,而且养鱼技术的实施也直接受到池塘条件的影响。因此,鱼池应尽可能做到有利于改善上述环境因子。

一、池塘位置

　　标准的精养鱼池应位于水源充足、水质良好、通电、通路的地方,这样有利于注排水,也方便于鱼种、饲料、成鱼的运输以及其他一些管理工作的展开,这是鱼池高产稳产的基本条件。

二、池塘水源

池塘应有水质良好而可靠的水源,保证一年四季水源充足,一塘死水是养不好鱼的,因为养鱼池塘要经常加注新水,保持一定水量及调节水质,只有具备这种条件,才能实行密放精养、高产稳产。因此,死水塘改活水塘是我国池塘养鱼高产的一条重要经验。

水源以无污染的、含一定数量营养盐和浮游生物的江河、湖泊、水库水为好,这些水的溶氧量高,水质良好,适宜鱼类生长,但缺点是带有鱼类的病敌害,故采用时必须经过一定的过滤处理。泉水的水温和溶氧量较低,需经曝气后才能使用。沼泽水、芦苇地水通常有机物多,矿物质少,呈酸性,溶氧量也低,是养鱼的劣等水,尽量不用。井水也可作为水源,但水温和溶氧量较低,需经曝晒或延长流程后再注入鱼池,否则就采取多次少量添加的方式,以免使池水温度明显降低。有的井水含铁质过多,应经氧化沉淀后才能使用。工厂、矿山排出的废水,必须要经过化验分析和试养后才能用来养鱼,水质要符合渔业水质标准。高产鱼池要求池水始终保持溶氧量达 5 毫克/升,pH 值为 7～8.5,总硬度在 5～8 德国度;氮、磷比在 20 左右,总氮 6～8 毫克/升,有机物耗氧量在 30 毫克/升以下,不允许硫化氢存在。

三、池塘面积

养鱼池的面积要适中,亲鱼池、鱼苗池和鱼种池为了管理和操作方便,以 2 001～3 335 米² 为宜,设备和技术条件较好的,鱼种池面积可达 6 670 米² 左右。成鱼池以 6 670～10 005 米² 为宜,也可达 13 340～20 010 米²。池塘面积大,受风和日照面大,风浪促使池水对流,使上、下层混合,提高底层溶氧量,这对改善水质,促进物质循环,减少或避免池底氧债的形成都非常有利。所以,池塘面积大,各种环境条件都比较稳定,不易突变,因而适合鱼类和各种饵料生物的生活需要。同时,面积大,鱼的活动范围广,也符合大型鱼类的习性。因此,小塘改大塘也是养鱼高产的经验之一。但面积过大,池塘受风面大,容易发生大浪,冲坏池埂,同时投喂、防病也不方便,容易形成鱼类摄食不匀,捕捞也较困难。因此,池塘过大也是不适宜的。

四、池塘水深

池水的深度与养鱼的产量高低也有着密切的关系。池深水宽是密放混养的基础,鱼的生长环境是根据水的立体来考虑的,水面大但水浅,同样会影响鱼的放养量和生长速度。"一寸水,一寸鱼",池水过浅,水体小,水质容易变化,鱼类的活动范围小,饵料生物少,而且水绵、水网藻等水生植物又易繁生,都不利于鱼类生长。

但如果池水过深,对养鱼也没有什么好处,特别是精养鱼池,下层光照弱,浮游植物量少,光合作用产氧量也少,同时风力不易使上、下层水起混合作用,有机物耗氧多,容易形成下层水体缺氧,对鱼类的生长也是不利的。水越深,下层的水温越低,溶氧量越少,甚至鱼类不能正常生存,在底层缺氧的情况下,有机质不能正常分解,不但影响池塘的物质循环,降低池水肥度,减少饵料生物,而且还会产生一些有毒害作用的气体,危害鱼类的生长,因而鱼产量也低。

适宜的鱼苗池水深 1 米左右,鱼种池水深 1.5～2.5 米,饲养食用鱼池塘的适宜水深在南方地区为 2～2.5 米,在北方地区为2.5～3 米。

在一定范围内,单位面积的放养量与鱼产量是随水深的增加而提高的(表 3-1),因此浅池改深池是提高池塘养鱼产量的另一有效措施。

表 3-1 不同水深池塘每 667 米² 放养量与净产量的比较

（单位：千克）

水深（米）	草 鱼		青 鱼		鲢鱼、鳙鱼		鲤 鱼		总净产量
	放养量	净产量	放养量	净产量	放养量	净产量	放养量	净产量	
1.2～1.5	29	45.5	14.5	42.5	34.2	158.5	8.1	37.5	284
1.7～2	37.5	72	23	65.5	38.7	211.5	11.8	43.5	392.5
2.01～2.5	45	68.5	26	88	39.3	230.5	13.9	42	429

五、池塘的形状和方向

池塘应整齐有规则，以东西长、南北宽的长方形为好，这种池形可延长水面日照时间，同时夏季的东南风容易产生波浪，有利于自然溶氧。池塘的长宽比为 5∶3 或 3∶2，这样的池形池埂遮荫少，水面日照时间长，有利于促进浮游生物的繁殖和水温的提高，在养鱼季节偏东风和偏西风较多，受风面大，有利于水中溶氧量的提高，可减少鱼类浮头，同时便于饲养管理和拉网操作，注水时易形成全池水的流转，连片的池塘要求规格化，建设必要的运输干道及排注水设施。池底要平坦或略向排水口倾斜，以利于池塘捕鱼。池埂脚和池底间应有 1 米宽的池滩，底质要坚实，便于下水扦捕操作。池埂要坚固，池堤要高出洪水位 0.5 米以上，防洪水堤坡可种植饲料作物或栽桑，不仅可生产养鱼的饲料和肥料，而且可招引昆虫，增加天然饵料，也有利于保护池堤，减轻雨水的冲刷，但堤坡不宜栽种高大树木，以免阻挡阳光照射和风的吹动，影响池塘内浮游生物的生长和溶氧量。

六、池塘底质

池塘底质从多方面影响水质,对养鱼非常重要。池塘底质首先要求保水性能好,这样才能保持一定的水位和肥度。

饲养鲤科鱼类的池塘,底质以壤土为好,壤土的保水与保肥能力适中,池水不致太浑,底泥不会过深,饵料生物生长好。黏土虽保水与保肥能力很强,但池水易浑浊,底泥深,吸附能力强,施肥后营养盐类很快被底泥吸附,不能被浮游植物利用,不利于饵料生物的生长。沙土的渗水性大,不能保水、保肥,属劣等底质,不宜建造鱼池。但养鱼1~2年后,池塘内积存的鱼类粪便和生物尸体与泥沙混合,形成淤泥,覆盖了原来的池底,土质对养鱼的影响也就让淤泥取代了。精养塘每年沉积淤泥厚度可达10厘米以上,池塘原来的底质对水质的影响就逐渐减弱,而作用由淤泥代替,淤泥中含有大量的营养物质,具有保肥、供肥和调节水质的作用,新修建的池塘施肥后,肥度和水质常不稳定就是因为缺少淤泥的缘故。但淤泥过多,有机物耗氧过大,造成底层水长期缺氧,缺氧后有机物厌氧发酵,还会产生氨、硫化氢、有机酸等有害物质,甚至形成大量氧债,容易引起鱼类浮头。所以,池塘淤泥过多很易恶化水质,抑制鱼类的生长,甚至引起死亡。在不良条件下,鱼体抵抗力降低,而病菌却容易繁殖,常发生鱼病,所以池塘的淤泥不宜过多,以10~20厘米为宜,每年应清除过多的淤泥。

七、池塘水色

池塘水色是水中浮游生物种类和数量的反映,也间接反映了水的物理和化学性质。根据水色判断水质优劣是我国传统池塘养鱼的主要技术之一。生产上常用肥、活、嫩、爽作为好水的标准,通常认为,肥就是水中浮游生物量应在 20～100 毫克/升;活指水色和透明度变化反映出水中肥水鱼能利用的藻类(如绿藻、硅藻等)占优势种;嫩是水质肥而不"老",即形成水华的藻类处于增长期,而且蓝藻数量不多;爽是水质清新,除浮游生物和悬浮有机质以外的悬浮物不多,池水透明度保持在 25～40 厘米。

八、池塘周围环境

池塘周围不能有高大的树木和房屋,池边不应有敌害以及消耗水中养分、妨碍操作的杂草和挺水植物,如果池周围障碍物多,不仅操作不便,还因遮荫挡风,影响池塘的氧气条件和浮游生物的生长繁殖,从而影响养鱼生产。因此,池塘周围应以开阔为好。

九、池塘的改造

良好的池塘条件是获得养鱼高产、稳产的关键之一,如池塘达不到养鱼高产的要求,就应加以改造。池塘改造,就是改善鱼类的生活环境,其实质就是将不符合高产要求的池塘,根据高产、稳产的要求,因地制宜加以改造,即小塘改大塘、浅塘改深塘、死水塘改活水塘、低埂窄埂塘改高埂宽埂塘等。

第四章 池塘水质条件和水质调控技术

　　鱼类生活在水中,只有了解养殖鱼类对水环境的生态要求,了解池塘水体环境各因子变化规律及彼此之间的关系,才能调节和控制养殖水环境,使之符合鱼类的生长。影响精养池塘水体环境的因子分为水体中非生物因子、生物因子以及池底淤泥。其中非生物因子包括物理因子和化学因子。

一、池塘水质条件

(一)物理因子

　　1. 水温　　水温是鱼类最主要的环境条件之一,水温不仅直接影响鱼类的生长和生存,而且通过对环境条件的改变而间接对鱼类发生作用,几乎所有环境污染因子都受水温的制约。

　　水温直接影响鱼类的代谢强度,从而影响鱼类的摄食和生长。一般在适温范围内,随着温度的升高,鱼类的代谢相应加强,摄食量增加,生长加快。各种鱼类都有自身生长的适温范围和最适宜的温度范围(表4-1)。草鱼、鲢鱼、鳙鱼、鲤鱼、鲫鱼等鱼类生长的适温范围在15℃～32℃,最适生长水温为20℃～28℃,高于或低于适宜温度都会影响鱼类的生长和生存。上述鱼类在水温降至15℃以下时,食欲下降,生长缓慢;水温低于10℃时,摄食量很快减少;水温低于6℃时,会停止摄食。而水温高于32℃时,鱼类食欲同样也会降低。北方地区池塘水温在15℃以上的时期一年中有5个月左右(5～9月份),为提高生产效果,必须在最适温度期间加强饲养管理,加速鱼类的生长。

水温也影响鱼类的性腺发育和决定产卵开始的时间。我国南方地区由于全年水温比较高,四大家鱼性腺发育也较快,成熟较早,性腺成熟年龄一般比北方地区早1～2年。虽然南北地区亲鱼产卵开始时间前后相差较悬殊,但水温却相差不大,一般都在18℃开始产卵。因此,四大家鱼人工催产的适宜水温为22℃～28℃,18℃以下催产效果差,15℃以下催产则亲鱼无反应。

水温还通过影响水中的溶氧量而间接对鱼类有很大影响。池塘的溶氧量随水温升高而降低,但水温上升,鱼类代谢增强,呼吸加快,耗氧量增高,加上其他耗氧因子的作用增强,因而容易产生池塘缺氧现象,这在夏季高温季节特别明显。水温对池塘物质循环也有重要影响。水温直接影响池中细菌和其他水生生物的代谢强度,在最适温度范围内,一方面细菌和其他水生生物生长繁殖迅速,同时细菌分解有机物为无机物的作用加快,因而能提供更多的无机营养物质,经浮游植物吸收利用,制造有机物,使池中各种饵料生物加速繁殖。

表 4-1 几种养殖鱼类的适温能力 (℃)

种　类	生长最低温	适应低温	最适温	适应高温	最高温
鲤　鱼	8	15	22～26	30	34
草　鱼	10	15	24～28	32	35
青　鱼	10	15	24～28	32	35
罗非鱼	14	20	25～30	35	38

2. 水色　养殖水体的水色是由水中的溶解物质、悬浮颗粒、浮游生物、水底及周围环境等因素综合作用而形成的,如富含钙、铁、镁盐的水呈黄绿色,富有腐殖质的水呈褐色,含泥沙多的水呈土黄色等。在精养鱼池中,浮游生物(特别是浮游植物)占绝对优

势,并明显具有优势种类,由于各类浮游生物细胞内含有不同的色素,因此当池塘中浮游生物种类和数量不同时,池水就呈现不同的颜色和浓度,俗话称为水色。看水色鉴别水质,在生产上有很大的实用价值。好的池塘水色一般分为两大类:一类是以黄褐色为主(包括姜黄色、茶黄色、茶褐色、红褐色、褐色中带绿色等),另一类是以绿色为主(包括黄绿色、油绿色、蓝绿色、墨绿色、绿色中带褐色等),这两类水均为肥水型水质。但相比之下,黄褐色水质的池塘优于绿色水质池塘,水中鱼类易消化的藻类占优势,其指标生物为隐藻类;而绿色水中鱼类不易消化的藻类占优势,指标生物为绿藻门的小型藻类。当池塘水质变坏时则呈现出棕红色、棕黄色、蓝绿色、深绿色、灰绿色、灰色甚至黑色等,这是因为出现了对鱼类有害的藻类优势种,如蓝藻、甲藻等。

3. 透明度 透明度表示光透入水中的程度,是指透明度盘沉入水中,至恰好看不到的深度,用"厘米"来表示。精养池塘透明度的高低,取决于水中的浮游生物的多少。透明度的高低,可以大致表示水中浮游生物的丰歉和水质的肥度。一般说来,肥水的透明度在25～40厘米,水中浮游生物量较丰富,有利于鲢、鳙等鱼类的生长。透明度小于25厘米,表明池水过肥,又常常是蓝藻过多的表现。透明度大于40厘米,表明池水较瘦,浮游生物量较小,不利于鱼类生长。

4. 补偿深度 由于光照强度随水深的增加而迅速递减,水中浮游植物的光合作用及产氧量也随即逐渐减弱。至某一深度,浮游植物产生的氧气恰好等于浮游生物呼吸作用的耗氧量,此深度即为补偿深度。补偿深度以上的水层称为增氧水层,随着水层变浅,水中浮游植物光合作用的净产氧量逐步增大;补偿深度以下的水层称为耗氧水层,随着水层变深,水中浮游生物(包括细菌)呼吸作用的净耗氧量逐步增大。不同养殖水体和养殖方法,其补偿深度不同,水体中有机物含量越高,其补偿深度越小,补偿深度的日变化也十分显著。一般情况下,晴天补偿深度最深,多云天次之,阴天再次之,阴雨天最浅。补偿深度因水温、藻类组成不同也有一定差异。在北方地区,冬季冰下水中的浮游植物由适应低温、弱光的种类组成,因而补偿深度较深。

5. 水体运动　池塘是静水环境,水体运动主要有风生流和因上、下水层温差产生的密度流。除了自然力量引起池水运动外,还有排注水和增氧机运转产生的水流。风生流产生波浪向水中增氧,通过水体流动,使上、下水层对流混合,加速池塘物质循环,提高了池塘生产力。但在高温季节的下半夜,水层温差过大,发生上、下水层对流时,会加速底层有机物耗氧,使整个池塘溶氧消耗速度加快,造成池塘缺氧,引起鱼类浮头,甚至泛池。

(二)化学因子

1. 溶解氧　鱼类生活在水中,用鳃进行气体交换,故水中溶解氧的多少直接影响着鱼类的新陈代谢。草、鲢、鳙、鲤等鲤科鱼类,要求水中的溶氧量不应低于 4 毫克/升,低于 2 毫克/升时,就会产生轻度浮头;当降至 0.6~0.8 毫克/升时,就会产生严重浮头;当降至 0.3 毫克/升以下时,鱼就会开始死亡(表4-2)。鱼类适宜的溶氧量在 5~5.5 毫克/升或更高,过饱和的氧一般对鱼类没有什么危害,但饱和度很高时会使鱼发生气泡病。池水中 90% 以上的溶解氧来源是靠水中浮游植物光合作用而产生的,少部分源于大气中氧气的溶解作用。水中溶解氧的多少与水温、时间、气压、风力、流动等因素有关。水温升高时,鱼类新陈代谢增强,呼吸频率加快,耗氧量增大,水中的溶解氧就会减少。由于浮游植物光合作用受光线强弱的影响,池中的溶解氧也随光线的强弱而变化。一般晴天比阴天的溶氧量高,晴天下午的含氧量最高,上层池水的溶解氧呈饱和状态;黎明前溶解氧最低,这时无增氧设备的中等产量的池塘一般都有浮头现象。在低气压、无风浪、水不流动时溶解氧较低;在气压高、有风浪、水流动时溶解氧较高。当水中的溶解氧充足时,鱼摄食旺盛,消化率高,生长快,饲料系数低;当水中的溶解氧过少时,鱼的正常活动就会受到影响,严重缺氧时可引起鱼的死亡。

表 4-2　几种养殖鱼类对水中溶解氧的适应　(单位:毫克/升)

种　类	正常生长发育	呼吸受抑制	窒息死亡
鲫　鱼	2	1	0.1
鲤　鱼	4	1.5	0.2~0.3
鳙　鱼	4~5	1.55	0.23~0.4
鲮　鱼	4~5	1.55	0.3~0.5
草　鱼	5	1.6	0.4~0.57
青　鱼	5	1.6	0.58
团头鲂	5.5	1.7	0.26~0.6
鲢　鱼	5.5	1.75	0.26~0.79

2. 二氧化碳　天然水中二氧化碳含量一般为 0.2~0.5 毫克/升,在富含浮游植物的肥水中,白天光合作用时每小时可以消耗掉 0.2~0.3 毫克/升。水中二氧化碳的来源有大气、水生生物呼出以及水体二氧化碳平衡系统,光合作用消耗的二氧化碳可以从这些来源中获得。但是,在浮游植物极为茂盛的池塘或低碱度、低硬度水体,可能会出现不足现象,这是因为水体中大量形成碳酸钙沉淀,消耗水中的二氧化碳所致。此时水色往往呈白色,对鱼类生长不利,施用有机肥是补充水体中二氧化碳的有效措施。

3. 有机物　养殖水体中的有机物主要是由投喂、施肥、水中生物的排泄和生物死亡的尸体而产生,主要成分是蛋白质、脂类、氨基酸和腐殖酸等。它们在水中呈悬浮、胶体和溶解状态。在精养鱼池中,由于水中有机碎屑、细菌以及浮游生物数量多,溶解的有机物和悬浮有机物颗粒的比例大约各占一半。而在悬浮有机物中有机碎屑又占 2/5～4/5。有机物含量多，池塘生产力也高，但有机物质在分解过程中需消耗大量溶解氧，易使池水缺氧，恶化水质。因此，必须掌握合适的有机物含量。一般饲养草食性鱼类有机物耗氧量以 15～20 毫克/升较适宜，饲养鲢、鳙、鲮鱼较多的池塘，有机物耗氧量以 20～35 毫克/升较适宜，这是肥水的重要指标，超过 40 毫克/升，表示有机物含量过高，就应停止施肥，并添加新水，改善水质。了解有机物含量多少的方法，就是用一个小杯子舀一杯水，然后在距离水面 10 厘米左右的高度快速倒回水中，如果此时激起的白色泡沫在 3～5 分钟内不能消散，就说明水体中含有比较多的有机物，需要采取换水等措施。

4. 酸碱度　水的酸碱度用 pH 值来表示。鱼类要在一定的 pH 值条件下才能正常生存与生长（表 4-3）。适合鱼类的 pH 值为 6～9，最适宜 pH 值为 7～8.5，pH 值的安全范围为 5～9.5。

表 4-3　几种养殖鱼类对水中 pH 值的适应范围　（单位：毫克/升）

种　类	适应 pH 值	鱼开始致死的 pH 值				全部致死的 pH 值
		pH 值	死亡率(%)	pH 值	死亡率(%)	
青　鱼	4.6～10.2	4.4	7	10.4	20	<4 或>10.6
草　鱼	4.6～10.2	4.4	15	10.4	23	<4 或>10.6
鲢　鱼	4.6～10.2	4.4	20	10.4	54	<4 或>10.6
鳙　鱼	4.6～10.2	4.4	11	10.4	89	<4 或>10.6
鲤　鱼	4.4～10.4	—	—	—	—	<4 或>10.6

5. 氨　养殖水体中氨的产生有 3 个来源：一是含氮有机物被硝化细菌还原分解而产生；二是在氧气不足时含氮有机物被反消化细菌还原分解而产生；三是水生动物代谢终产物以氨的状态排

出。非离子氨对鱼类是有毒的,可使鱼产生毒血症。在池塘中溶解氧充足的情况下,水体中 pH 值在大于 7 时池水中非离子氨的含量较低,水生生物和鱼类排泄的氨被大量池水稀释,同时硝化细菌将其转化为硝酸盐,因此不会给鱼类带来多大影响。但在缺氧的情况下,非离子氨就会积累。而当达到一定浓度时,就会使鱼中毒,减少摄食,生长缓慢,高浓度时会造成鱼类死亡。养鱼密度太大时,非离子氨的浓度就高,所以非离子氨是限制放养密度的因素之一。我国鲤科养殖鱼类对非离子氨的耐受力较强。目前我国渔业水质标准对氨做出规定,≤0.02 毫克/升作为可允许值。

6. 亚硝酸盐 是氨经细菌作用发生氧化反应而生成的,是氨转化为硝酸盐过程中的中间产物,当氨转化为硝酸盐的过程受到阻碍时,中间产物亚硝酸盐就会在水体中积累。亚硝酸盐的存在对鱼有直接的毒害作用,可使鱼类血液中的亚铁血红蛋白被其氧化成为高铁血红蛋白,从而抑制血液的载氧能力,可造成鱼类因缺氧而死亡。亚硝酸盐浓度在 0.1 毫克/升时,会造成鱼类慢性中毒;亚硝酸盐浓度在 0.5 毫克/升时,鱼类会很容易患病,出现大面积暴发疾病死亡。冬季结冰缺氧的越冬池易发生亚硝酸盐中毒症,养殖密度过大、池水经常缺氧、水体中有机物含量过高的精养池塘很容易引起亚硝酸盐含量的升高。

7. 硫化氢 是在水体缺氧条件下,由含硫有机物经厌氧细菌分解而形成。在杂草、残饵堆积过厚的老塘,厌氧菌分解残饵或粪便中的有机硫化物,常有硫化氢产生。养鱼水体有硫化氢产生也是水底缺氧的标志。养殖水体中的硫化氢通过鱼鳃表面和黏膜可很快被吸收,与组织中的钠离子结合形成具有强烈刺激作用的硫化钠,并可与呼吸链末端的细胞色素氧化酶中的铁相结合,使血红素减少,因而影响鱼类呼吸。所以,硫化氢对鱼类具有较强的毒性,鱼池中是不允许有硫化氢的。氨态氮和硫化氢都具有强烈的刺激气味,凡有以上两种臭味的池塘,就要立即采取措施改良水质。氨态氮、亚硝酸盐和硫化氢都是在池中溶解氧量不足时产生的，是对鱼类有极大危害的有毒物质，因此保持水中溶解氧充足是防止这三种有毒物质危害的关键。

8. 溶解盐类

（1）氮化合物　氮素是构成蛋白质的主要成分，是构成生物体的基本元素。池塘中的氮化合物包括有机氮和无机氮两大类。有机氮主要是蛋白质、氨基酸、核酸和腐殖质等物质所含的氮，在精养鱼池中占有较大比例。无机氮主要有溶解性氮气、氨态氮、亚硝酸态氮和硝态氮。水体中的分子氮只有被水中的固氮蓝藻通过固氮作用才能转化为可被植物利用的氮。水体中的浮游植物最先吸收的是氨态氮，其次是硝态氮，最后才是亚硝酸态氮。因此，氨态氮、硝态氮和亚硝酸态氮通常称为有效氮或三态氮。在精养鱼池，三态氮的结构（比例和数量）是衡量水质优劣的一项重要指标。在鱼类主要生长季节，精养鱼塘总氨态氮占 60% 左右，硝态氮占 25% 左右，亚硝酸态氮占 5% 左右。

（2）磷酸盐　磷是有机物不可缺少的重要元素，对生物的生长发育与新陈代谢起着十分重要的作用。养殖水体中的磷主要包括溶解的无机磷、溶解的有机磷和颗粒磷，但池塘中浮游植物能利用的主要是溶解的无机磷酸盐，这部分称为有效磷或活性磷。养殖水体中磷的主要来源是投喂、施肥、动物排泄物、生物尸体、底泥释放和补水带入，但绝大部分是以颗粒磷和有机磷的形式存在，池水中真正的有效磷仅占水体总磷的 3.17%。由于水底淤泥和水体中的胶体细粒对磷的吸附固定起了很大的作用，水中补给的磷绝大部分退出池塘物质循环而沉积在池底。因此，池水中有效磷的含量是水体初级生产力的主要限制因子。

（3）硬度　是用来衡量水体所有二价阳离子（如钙、镁、铁、锌等）浓度总和的概念。大多数水体中硬度的构成成分主要是钙、镁离子。硬度和碱度关系密切，但它们是不同的两个概念。以"毫克/升碳酸钙"形式来表示时,总硬度值通常和碱度值相似,因为在大多数天然水体中,碱度的构成成分主要是钙、镁的碳酸盐。通常来自碳酸盐的硬度被称为临时硬度,水煮后就沉淀;而来自非碳酸盐的硬度,如硫酸盐、盐酸盐、硝酸盐以及硅酸盐的硬度被称为永久硬度,它们在日常硬度中所占的比例很小。如果水体硬度主要由永久硬度构成,那么水体的碱度就很低;如果水体碱度主要由碳酸盐的钠、钾构成,那么水体的硬度就很低。大多数淡水鱼、温水鱼适宜的总硬度在 50 毫克/升。一般说,鱼类适应硬水比适应软水更容易一些。

(4)氯化物、硫酸盐、铁化合物和硅酸盐 一切藻类的光合作用都需要氯,养殖鲤科鱼类的池塘水中氯离子在 4 毫克/升鱼类都可以适应。硫是构成蛋白质和酶不可缺少的成分,生物体对硫的需求量不大,精养鱼池中池底有机物多,加之下层水经常缺氧,水中含的硫酸根容易被硫酸盐还原细菌还原为有毒的硫化氢。因此,池塘应避免大量含硫的水流入。铁是藻类重要的营养元素,对藻类的光合作用和呼吸作用有重要影响,高浓度的铁能在鱼鳃上沉积一层棕色的薄膜,妨碍鱼的呼吸。高价铁与磷酸生成磷酸铁沉淀,降低施用无机磷肥的效果。养殖水体中溶解的硅都以硅酸和硅酸盐的形式存在,它们都可以为藻类利用,简称有效硅。其含量以二氧化硅的数量表示,一般养殖水域二氧化硅含量都在 2～10 毫克/升,不会成为硅藻生长繁殖的限制因子。

(三)生物因子

1. 微 生 物 水中的微生物包括细菌、酵母菌、霉菌等,而以细菌最为重要。池塘中细菌的数量很大,每毫升水中含数万至数百万个不等。它们不仅在池塘物质循环中起着重要作用,而且是水生动物和鱼类的重要天然饵料。细菌群聚体可达数十微米大小,能被鲢鱼、鳙鱼等滤食性鱼类直接摄食。有机碎屑表面有密度极大的细菌(达 450 亿个/克湿重),鱼类摄食有机碎屑时也就吞进了大量富有营养价值的细菌。微生物对饲养鱼类除了有益的一面外,也有有害的一面。如有些细菌在缺氧条件下对有机物进行厌氧分解,产生还原性的有害物质,使水质变坏;有些细菌则会引起鱼病,造成鱼类死亡。因此,提高溶氧量,中和酸度,防止池水被有机物污染等,是促使有益细菌繁殖,抑制有害细菌发生的有效措施。

2. 浮 游 生 物   精养池塘中的生物以浮游生物为主,高等水生生物和底栖生物很少。浮游生物中又以浮游植物为主,浮游植物不仅是鲢鱼、罗非鱼的直接饵料,是水体生产力的基础,同时还是水中溶解氧的主要制造者,对水质理化因子的变化起主导作用。浮游生物是养殖鱼类的幼鱼和鲢、鳙等成鱼的主要食物。浮游生物的多少就代表着对鲢鱼、鳙鱼、罗非鱼等肥水性鱼的供饵能力,直接影响其产量。池塘浮游生物有明显的季节变化,一般早春硅藻大量出现;夏季浮游生物种类和数量达到最高峰,特别是绿藻、蓝藻大量繁殖;秋季浮游生物数量逐渐降低,绿藻、蓝藻数量有所下降,硅藻、甲藻等数量上升;冬季浮游生物数量和种类均大大减少,在池塘冰封的情况下繁殖着少量的硅藻和桡足类。精养鱼池浮游植物优势种极为明显,其种类少,生物量大,夏季一般精养鱼池为 5 000 万个/升,高产池达 4 亿个/升,往往形成水华。由于各类浮游植物细胞内含有不同的色素,当浮游植物繁殖的种类和数量不同时,便使池水呈现不同的颜色与浓度。因此,人们常根据池水的水色及其变化判断池水的肥瘦和优劣,从而采取相应的措施。

3. 底栖动物   主要有昆虫及其幼虫(如摇蚊幼虫、蜻蜓幼虫等)、水蚯蚓、螺、蚌等。它们大都是青鱼、鲤鱼等的食料,在池塘中具有一定的生物量,但与浮游生物比较,其对池塘生产力的影响就相差甚远。一些对鱼苗有害的昆虫如龙虱幼虫、红娘华、蜻蜓幼虫等必须清除。

4. 鱼类 多种鱼类共同栖息于同一水体,有的相互有利,有的存在生存竞争。如草鱼、团头鲂吃草,粪便培养浮游生物,可作为鲢鱼、鳙鱼的饵料。鲢鱼、鳙鱼摄食浮游生物和细菌,使水质变清,又利于草鱼、鲂鱼生活。鲤鱼、鲫鱼、罗非鱼等摄食有机碎屑,可改善水质。所以,把这些鱼混养在同一水体,创造相互有利的环境条件,使鱼池成为合理的、有效的生态系统。但有些鱼之间存在着摄食和被摄食的关系,如鳜鱼、鲇鱼、乌鳢等肉食性鱼类,危及养殖鱼种的生命。麦穗鱼、鲹条等小杂鱼,既可被大型凶猛鱼类吞食,又可危害鱼苗、鱼种,并与养殖鱼争食,消耗饲料,因此必须清除,以保障主养鱼的正常生长。

(四)池底淤泥

养鱼池塘经过一定时期的养殖生产,大量残饵和鱼类粪便等有机颗粒物沉入水底,同时死亡的生物体遗骸发酵分解后,与池底泥沙等物混合,使水底淤积了一定厚度的淤泥,使原来的土质对水质的影响被淤泥所代替。养殖时间越长,养殖密度越高,淤泥沉积越多。据测定,精养鱼池每年沉积的淤泥厚度可达 $1\sim2$ 厘米,淤泥中含有大量有机物,每 667 米^2 净产 750 千克商品鱼的池塘表层淤泥中有机物含量为 17.19% 左右。淤泥中含大量营养成分,包括有机物、氮、磷、钾等,如按每 667 米^2 池塘的淤泥层平均厚度 2 厘米计算,可折合约 585 千克硫酸铵。淤泥使水体保持一定的肥度,对水体的肥度有缓冲调节作用。但淤泥过多,会增加耗氧量,加上池水中耗氧生物的呼吸作用,就会大大增加底泥耗氧量,造成水体下层长期呈缺氧状态。没有养过鱼的底泥耗氧量为每平方米 16.8 毫克/升,而养过鱼的底泥耗氧量可达每平方米 $45\sim55$ 毫克/升,比未养过鱼的底泥高出 3 倍左右。淤泥还会产生有毒物质,并产生大量还原物质(包括有机酸、氨、硫化氢等)。在底泥有机物分解过程中,会产生氨、甲烷、硫化氢等有毒物质,养过鱼的底泥产氨量要比未养过鱼的高 2.6～3.3 倍。池底淤泥过多,有利于致病微生物的生长繁殖,容易发生鱼病。池塘淤泥增多,底质恶化,是有毒物质和有害细菌增加的罪魁祸首,是造成整个养殖水体水质污染的重要原因。近些年来,鲢、鳙、鲫等鱼类发生暴发性出血病就是由多年未清淤消毒池塘底部淤泥中的大量致病菌引起的。

二、池塘水质调控技术

(一)水质监测设备

以往我国普通百姓在养鱼的过程中,对水质的观察、监测和管理大多是凭借自己在养殖过程中所积累或向养殖老手请教的经验,即凭经验办事。随着养殖技术的科学化和养殖品种的不断增加和改变,人们对水质的控制越来越向科学、规范、精益求精的方向发展。因此,许多水质指标的检测分析系统应运而生。

1. 溶解氧的检测　近几年来,已有不少测量溶氧值的电子仪器投入市场,如上海精密科学仪器有限公司生产的 JPB-607 便携式溶氧仪,从液晶显示屏上可以直接读数,而且体积小,携带方便,操作简单。

2. pH 值的检测

(1)pH 试纸　想大致了解水质酸度的时候可以使用 pH 试纸,如果需要精确一些可以选用精密 pH 试纸进行测量。

(2)pH 比色器　采用液体专用指示剂,将该指示剂滴入已简单处理过的水样时,可以随水的酸度不同产生不同的颜色,从而判断水的 pH 值。

(3)pH 计　将该仪器的探测头直接插入水中,立刻就可从仪器上读出 pH 值。

3. 透明度检测 测试透明度的简便方法,可以自己制作一个黑白盘(透明度盘)来测定。用薄铁皮剪一个直径 25 厘米的圆盘,用铁钉在圆盘中心打一个小孔,再用黑色和白色油漆把圆盘漆成黑白相间的两种色,在圆盘中心孔穿一根细绳,细绳下系重锤,并在绳上画上长度标记,将黑白盘浸入池水中,至刚好看不见圆盘平面时为止,这时绳子在水面处的长度标记数值就是池水的透明度。

4. 盐度检测 一般采用比重计测定水体比重,然后换算成盐度,本方法简易快捷,适于一般养殖生产单位使用。

5. "三氮"监测 市场上已有多种测试氨、亚硝酸盐、硝酸盐的测试仪器和试剂,在选购时注意要针对养殖者的具体情况和仪器试剂的适用范围。

(二)水质调控方法

水质调控的方法大体上可以分为物理方法、化学方法和生物学方法。

1. 物理方法

(1)适时换水 换水的关键是水源水质要清新,符合渔业水质标准。其次换水时机要掌握好,不能等水质过老才换水。一般池塘水透明度低于 25 厘米就应该换水。其好处是可以长时间保持水质清新,同时降低每次换水量,避免大量换水造成温差过大给池鱼造成的应激。通常 6～9 月份至少每周换水 1 次,每次换水10～20 厘米,先排去老水再注入新水。

(2)正确使用增氧机 鱼体快速生长的季节也是最容易泛池的季节,适时增氧可以降低养殖风险,降低水体有害物质对鱼体的危害,提高鱼类生长速度,降低饲料系数。

渔业生产中常用的增氧机有喷水式、水车式和叶轮式 3 种。喷水式增氧机是将水喷向空中,散开落下;水车式增氧机是靠搅动水体表层的水使之与空气增加接触。这两种增氧机对于增加水中溶氧量、解救浮头都具有很好的效果。同时,曝气效果也较好,能很好地将水中溶解气体如硫化氢、氨等逸入空气中。叶轮式增氧机是近年来池塘养鱼生产中大力推广的一种新型水体增氧机械。叶轮式增氧机可使池水上升而发生对流,使表层水进入底层,底层水上升至表层。含氧量较高的表层水进入底层后可有效改善底层水体的溶解氧状况,使底泥中的有机物迅速矿化分解,从而达到改善水质的效果,对水产养殖和增产增收十分有利。

增氧过程中使用的增氧机要与池塘的水深和面积相配套,其中主要考虑水深。3 千瓦叶轮式增氧机,适用于 1.4～2 米的水深,5.5 千瓦叶轮式增氧机适用于 2.1～2.4 米的水深,7.7 千瓦叶轮式增氧机适用于 2.5 米以上的水深。如每 667 米^2 产量为500～800 千克的池塘,2 000～3 335 米^2 水面配置 1 台 3 千瓦的增氧机即可,在鱼类快速生长季节,精养池要坚持每天开机,晴天中午开机,阴天清晨开机,连绵阴雨半夜开机。具体操作如下。

①晴天中午开机 此时 1 米以上的表层水温度较高,光照充分,光合作用最强烈,溶氧量达到过饱和,开机后使表层饱和溶解氧混合到其他水层。

②阴天清晨开机 目的是直接搅水增氧。因为阴天光合作用弱,池水溶氧量贮备较少,又经过夜间的消耗,池水溶氧量有可能降至鱼类低氧忍受最低值附近,因此应在清晨 3～5 时开机,若水肥、鱼密,开机时间还要提前。

③阴雨连绵半夜开机 因为此时池水中的溶解氧含量很少,如果等养殖鱼类浮头再开机就来不及抢救,容易造成泛塘死亡。野杂鱼、小虾的耐低氧能力比养殖鱼类低,可以作为开机时机的参考。

④阴雨天时白天不开机 阴雨天白天光合作用比较弱,表层池水溶氧量不会过饱和,此时开机搅水只是把表层池水未饱和的溶解氧混合到底层,达不到增氧的目的。

⑤一般天气傍晚不开机　若开机会促使鱼池上、下水层水体提前对流混合，加快耗氧速度。若水质变坏必须开机，且不要停机，同时准备增氧剂配合使用。

⑥定期进行底质改良　在鱼类生长旺季，选择晴天中午作业。采用水质改良机将部分淤泥吸出，喷洒到池埂上，以减少耗氧因子。也可将淤泥喷至池水表层，充分利用其上层氧盈，加速淤泥中的有机物氧化分解，以降低夜间下层水的实际耗氧量，防止鱼类浮头，这对于换水不方便的地区来说尤为重要。

2. 化学方法

(1)适量巧施磷肥　对于大多数投喂商品饲料的池塘，往往是氮肥过高(北方高盐碱粗放池除外)，因此池塘施放磷肥非常重要。在生产实践中，一般通过施用磷肥促进藻类对氮肥的利用，提高或维持水体浮游植物量，起到供饵、供氧、降低氨氮、改善水质的作用。对底泥较厚的池塘单施磷肥即可。相关研究表明，磷肥的施用量为氮肥的 1/10～1/5。一般情况下，施氮量为 1～2 毫克/升，施磷量为 0.1～0.5 毫克/升，这样的施肥比例有利于有益藻的生长而抑制蓝藻、丝状藻等有害藻的生长。过磷酸钙等可溶性磷肥，施肥后仅几天内有效，为了使池塘有效磷保持较高浓度，施磷肥必须做到勤施少施，通常在池塘中使用过磷酸钙，每 10 天泼洒 1 次，每次使全池呈 10 毫克/升的浓度。为减少沉淀和逸散，磷肥应尽可能均匀溶解在水中，过磷酸钙遇碱产生不溶性磷酸三钙使肥效降低，因此不能和碱性物质一起使用，在施肥前 4～5 天不能泼洒生石灰水。如果水体 pH 值过低，则施生石灰与施磷肥时间间隔为 15 天，水质较瘦的池塘无机磷肥最好与有机肥料混合使用。根据施肥后 5～7 天水色的变化调整下次施肥量和施肥时间，维持有效磷浓度在 0.03 毫克/升以上。应该在晴天上午 10 时左右全池泼洒，施肥后当天白天不要搅动水。

(2)适时施用生石灰　除盐碱地外，鱼类快速生长季节每10～

15 天施用 1 次生石灰,浓度为 15~20 克/米^3,以调节 pH 值,这对于大量投喂的精养池来说是很有必要的,因为有机酸大量存在会降低池水的 pH 值,引起溶解氧被大量消耗而导致一系列鱼病的发生。

3. 生物学方法

(1)多规格混养滤食性鱼类和杂食性鱼类,实行轮捕轮放,经常调节池塘载鱼量　混养鲢、鳙鱼等滤食性鱼类,通过它们的滤食作用调节池水浮游生物量,这是我国的养殖传统,也是保持水质,提高养殖效益的好方法。在不影响主养鱼密度的情况下,适当增加和拉开鲢、鳙鱼规格档次,可以增加轮捕轮放频度。这样,可以充分利用水体生物循环,保持水体生态系统的动态平衡。适当混养鲤鱼、鲫鱼、团头鲂、罗非鱼、鲮鱼等可有效地消耗高产鱼池因大量投喂产生的残饵、有机碎屑、细菌团和附生藻类,既可有效降低有机耗氧量,达到调节水质的目的,又能够提高水体利用率,增加经济收入。

(2)使用生物制剂　既能提供有益藻种,又能改善底质,从立体空间上来调节水质。常用的生物制剂包括光合细菌、芽孢杆菌、EM 菌等。

①光合细菌　为一群能在厌氧光照或好氧黑暗条件下利用有机物作供氢体和碳源,进行不放氧光合作用的细菌。其在池塘养殖过程中的作用包括:一是净化水质,改善养殖环境。光合细菌以水中的有机物作为自身繁殖的营养源,并能迅速分解利用水中的氨态氮、亚硝酸盐、硫化氢等有害物质,能完全分解水产动物的残饵和粪便,起到保护和净化养殖水体水质的作用。二是可以作饵料。光合细菌含有大量的促生长因子和生理活性物质,营养丰富,能刺激免疫系统,促进胃肠道内有益菌的生长繁殖,增强消化和抗病能力,促进生长。三是可预防疾病。光合细菌含有抗病毒因子和多种免疫促进因子,可活化机体的免疫系统,强化机体的应激反

应,从而达到防治疾病的目的。

②芽孢杆菌　在水体中的作用是分解池底的残饵、粪便、有机物,将其转化成单细胞藻类能利用的有机物;降解氨氮、亚硝酸盐、硫化氢等有害物质;促进硅藻、绿藻等优良单细胞藻类生长,抑制蓝藻生长,营造适宜的养殖水质,改善水质因子,保持良好的养殖生态环境;可通过营养、场所竞争及分泌类似抗生素的物质,直接或间接抑制有害病菌的生长繁殖。另外,还可以产生免疫活性物质,刺激水产养殖动物提高免疫功能,增强抗病力和抗应激能力,减少病害的发生。

③EM 菌　是一种新型的复合微生态制剂,呈棕色半透明状液体,由光合细菌、乳酸菌、酵母菌、放线菌、醋酸杆菌等微生物复合培养而成,它有多种功能,可促进动物生长、提高饲料利用率、增强机体抗病性能、去除粪便恶臭、改善生态环境等。使用方法为全池泼洒和拌料投喂。

(3)鱼池底质改良

①挖除过多的淤泥　精养池最好每年干池 1 次,清除过多的池塘淤泥。为了保持鱼塘的肥度和水质的相对稳定,可保留 15～20 厘米深的淤泥。虽然清淤费用较高,但可降低饲料系数、鱼病防治费用及发生暴发性疾病的概率。挖出的淤泥可用来加固池岸、堤埂或种植青绿饲料或其他经济作物。淤泥是优质有机肥料,青绿饲料施用淤泥后,每 667 米² 产量可达 7～8 吨。利用池岸、堤埂种植青绿饲料,不仅保护池岸、堤埂,避免水土流失,削减了流入池塘的营养物质数量,还可种青养鱼,促进鱼产量提高。

②池底日晒和冰冻　在冬春季清淤的池塘,冬季排干池水后,让池底日晒和冰冻一段时间,可以杀死病原菌、寄生虫,增加淤泥的透气性,促使淤泥中的有机物分解矿化,变成简单的无机物。翌年养殖时,可向水中提供大量的营养盐类,为改善池塘下层水的溶氧量,改善水质创造良好条件。

③生石灰清塘　用生石灰清塘是改善底质的有效措施,其特点为:在短时间内使池水 pH 值达到 11 以上,杀死野杂鱼、鱼类寄生虫、致病细菌、丝状藻类和一些根浅的水生植物,作用快而彻底;能提高池水的碱度和硬度,增加水的缓冲能力;抵消水中浮游植物光合作用消耗的二氧化碳,使 pH 值升高,起到改良水质的作用。

除了能杀死病原菌以及使池水保持微碱性的环境和提高池水硬度、增加缓冲能力外,还能增加水中钙离子数量,并使淤泥中被胶体所吸附的营养物质交换释放出来,以增加水的肥度。塘底施放生石灰的好处很多,但施用量要足,即每 667 米² 施用 100 千克以上。操作要细致,即将池水排至 10 厘米左右,生石灰用桶加水溶化后趁热遍泼全池,用钉耙把泼有生石灰的底泥翻耙一遍,使淤泥和生石灰充分混合。

④实现水旱轮作　淤泥过深的池塘可将池水排干后种植农作物。这样可以使淤泥更充分地干透,靠陆生作物发达的根系,使土壤充以空气,更加疏松,有利于有机物的矿化分解,更好地改良底质。同时,淤泥也是农作物很好的肥料,互惠互利,实现水旱轮作利用,实现池底营养物质转移。还可以种植水稻、稗草等禾本科植物,当植株长到 3 厘米以上时灌水淹青,植株腐烂分解,培育水质,养殖鱼类。

⑤施用微生态制剂　在养殖的关键季节,根据池塘的具体情况,有针对性地施用光合细菌、芽孢杆菌、硝化细菌、EM 菌液等,改善底质和水质,减少有毒物质的毒害作用,增加溶氧量,促进养殖鱼类的生长。

第五章　饲料配制技术

水产饲料是水产养殖成本诸多因素中重要的因素之一。随着高密度、集约化养殖的发展,传统的施肥、投草和培养天然饵料已不能满足养殖生产高产、高效的需要,生产营养全面、成本低廉的配合饲料是保证水产养殖高产优质的重要条件。

一、水产动物所需营养要素及需求量

随着天然渔业资源的减少及水产养殖的发展,渔用饲料在水产养殖业中的作用越来越重要。渔用饲料是供给水产动物营养物质和能源的重要来源。

水产动物所需的营养要素和其他动物一样,主要包括水、蛋白质、脂类、碳水化合物、矿物质、维生素等。

(一)蛋 白 质

蛋白质是鱼类生长和维持生命活动的必需营养物质,它不仅是鱼体的重要组成部分,也是催化代谢中调节和控制生命活动的物质,其主要作用包括:是构成鱼体的主要成分,除水分外,蛋白质是鱼体中含量最高的物质,占16%左右;参与构成酶、激素和部分维生素;提供鱼类生长、运动所需的能量;是鱼类抗病能力的物质基础;组成鱼类的遗传物质;维持鱼体内正常渗透压,保持水分在体内的正常分布;协助运输氧气和脂类等物质。

由此可见,蛋白质在水产动物营养中的作用是非常重要的,不能被其他营养物质所取代。作为水产动物,对蛋白质的需求有其自身的特点,概括起来包括以下几点:一是水产动物对饲料中蛋白质的需求量较畜、禽需求量高,常规养殖鱼类一般为 20％～40％。二是不同发育阶段对饲料中蛋白质的最适需要量不同,一般年龄越小,对饲料中蛋白质的需要量越高;反之,年龄越大,蛋白质需要量越少。三是不同的水产动物种类对饲料中蛋白质的需要量也不同,一般肉食性鱼类对饲料中蛋白质含量要求较高,草食性鱼类较低,杂食性居中。四是鱼类饲料中如果蛋白质含量低,会引起典型的营养缺乏症,如生长缓慢、体重减轻、抗病力减弱、贫血等;但如果蛋白质含量过高,既增加了成本,也加重了鱼类机体负担,会影响鱼类生长,导致蛋白质中毒。五是蛋白质的营养价值取决于氨基酸的种类和组成。氨基酸是组成蛋白质的基本单位,鱼类对蛋白质的需要实际上是对氨基酸的需要。蛋白质进入鱼体后只有经过消化吸收才能进入血液,转变成鱼类自身的蛋白质。根据鱼类自身合成氨基酸的能力,我们将氨基酸分成两类:一类为鱼体自身能合成,并不一定从饲料中摄取的氨基酸,称为非必需氨基酸;另一类为鱼体自身不能合成或合成数量不能满足鱼体的需要,必须从饲料中获取的氨基酸,称为必需氨基酸。

蛋白质分解后的基本氨基酸有 20 种,其中 10 种为水产动物必需的氨基酸,它们的功能及来源见表 5-1。

由表 5-1 可知,各种必需氨基酸功能不同,它们相互协调,对水产动物的生长发育起作用。如果缺少其中一种,会限制其他氨基酸的利用,造成鱼类生长不良,饲料利用率不高。通常将动物需要量高,而饲料中又缺乏的必需氨基酸称为限制性氨基酸。一般饲料中易缺乏的氨基酸为赖氨酸、蛋氨酸和色氨酸,故这三种氨基酸为限制性氨基酸。在饲料的配制过程中,必须添加某些限制性氨基酸,或者混合某些含此种氨基酸较丰富的饲料原料。

表 5-1　必需氨基酸的种类、功能及来源

名　称	功　能	来　源
赖氨酸	增进食欲，促进生长发育；促进创伤、骨折等的愈合；增强对传染病的抵抗力	动物性蛋白质中含量较高，植物性蛋白质中含量较低
色氨酸	可转变成烟酸、苏氨酸、苯丙氨酸；与维生素 B_6 的作用有关	各种蛋白质中含量均较低
蛋氨酸	参与肝脏的脂肪浸润作用，使脂肪代谢正常进行，提高肝脏的解毒功能；构成胱氨酸的母体	动物性蛋白质中含量较高，植物性蛋白质中含量较低
亮氨酸	对代谢来说，首先是转移氨基，然后生成酰基辅酶 A，合成组织蛋白和血浆	玉米中含量较高
组氨酸	对肝脏中物质的合成起作用；在肠内酶的催化反应中，起辅酶的作用；使血管舒张和血管壁渗透性增强	各种蛋白质中含量均较高，尤以血液血红蛋白中含量丰富
异亮氨酸	与亮氨酸代谢类似的机制，作为糖原的合成原料；在肝脏、肾脏和心脏进行各种酶的反应	动物性蛋白质中含量较高，植物性蛋白质中含量较低
缬氨酸	作为糖原的合成原料，为神经系统所必需	玉米中含量较高
苯丙氨酸	作为体蛋白、甲状腺素和肾上腺素的合成原料；可转化为酪氨酸	大多数蛋白质中含量为 2%～5%
精氨酸	在肾脏和肝脏内，由其他氨基酸合成，为正常生长、发育所必需	各种蛋白质中含量均较高
苏氨酸	有抗脂肪肝的作用，起辅助治疗效果	动物性蛋白质中含量较高，植物性蛋白质中含量较低

(二)脂 类

饲料中不溶于水而溶于醚、氯仿和苯等有机溶剂的物质统称粗脂肪。水产动物所需的脂类,除了脂肪外,还有固醇类、磷脂类等。

脂类除构成机体组织、供给机体热能外,还可以作为脂溶性维生素的溶剂。

脂肪由一分子甘油和三分子脂肪酸组成,脂肪酸按分子结构可分为饱和脂肪酸和不饱和脂肪酸,脂肪的性质决定于脂肪酸碳链的长度和结构。水产动物自身不能合成必须从饲料中摄取的脂肪酸称为必需脂肪酸。淡水鱼和海水鱼对必需脂肪酸的需要量不同,一般淡水鱼需要的是亚油酸和亚麻酸,而海水鱼需要的是二十碳四烯酸。鱼类缺乏必需脂肪酸会引起生长停滞,饲料效率低下,甚至引起疾病和死亡。

鱼类对脂肪的利用因鱼种、水温等而变化。一般而言,肉食性和杂食性鱼类利用脂肪的能力较强,而草食性鱼类利用脂肪的能力较差。温度较高时对脂肪的需求量较高,而温度较低时对脂肪的需求量较低。

渔用饲料中脂肪并不是越多越好,超过鱼类最适需要量时,会导致水产动物体内大量蓄积脂肪,引起肉质下降,影响食用价值,同时由于脂肪易氧化产生醛、酮等有毒物质,使鱼产生厌食,从而降低饲料效率。一般渔用饲料脂肪含量应控制在4%~10%。

(三)碳水化合物

碳水化合物又称糖类,可分为无氮浸出物(淀粉、糖类)和粗纤维。无氮浸出物可以作为水产动物的能量来源,节约一部分蛋白质,也可以转化为脂肪贮存在体内。

水产动物对碳水化合物的利用能力不高,可能是因为分解糖类的胰岛素分泌不足所致。一般情况下,草食性鱼类和杂食性鱼类利用能力较高,而肉食性鱼类利用能力较低。对不同种类的碳水化合物,鱼类的利用率也不同,鱼类对单糖、双糖的利用率较高,对淀粉的利用率较低,对纤维素利用率最差。

渔用饲料中碳水化合物过高或过低对鱼类的生长均不利。过高会降低饲料中蛋白质的消化率,阻碍生长,同时过量的碳水化合物会转变为脂肪蓄积在肝脏内,形成脂肪肝,影响肝脏功能。过低会影响鱼体基础代谢及其他生理功能。一般渔用饲料中碳水化合物的含量应控制在 20%～30%。

粗纤维是鱼类利用较差的物质,但适量的粗纤维可以填充、稀释营养物质,也可以刺激消化道,促进胃肠蠕动及消化酶的分泌,有利于营养物质的消化吸收。如果粗纤维含量过高,也会影响鱼类对营养物质的消化、吸收和利用,阻碍鱼类的生长。

(四)矿 物 质

矿物质又称灰分或无机盐类,一般包括 7 种常量元素和 10 种微量元素。矿物质不能在体内合成。鱼类除了可以从饲料中获得矿物质外,还可以通过皮肤和鳃吸收水中的矿物质。不同的矿物质元素在鱼体内可以以离子、分子和结构复杂的络合物形态存在,它们对维持水产动物的健康生长与繁殖起着重要的作用,但不同的矿物质元素作用不同,同一矿物质元素不同形态的作用也不同。矿物质元素的种类、作用及其缺乏症见表 5-2。

表 5-2　矿物质元素的种类、作用及缺乏症

种　　类		作　　用	缺乏症
常量元素	钙	降低毛细血管通透性，减少渗出，维持肌肉组织正常兴奋，促进凝血酶纤维蛋白的形成	骨骼弯曲，生长不良，肌肉痉挛
	磷	骨骼和牙齿的组成成分，参与体内多种物质和能量的代谢	食欲下降，头部、背部畸形
	钠钾	参与体内酸碱平衡，调节体内渗透压和pH值，在维持神经功能上起重要作用	肌肉痉挛，活力下降，食欲减退，消瘦
	氯	细胞液中主要的阴离子，消化液的组成成分，维持酸碱平衡	未　定
	镁	骨骼的组成部分，参与酶的活化和蛋白质的合成，维持正常神经功能	食欲减退，生长缓慢，肌肉僵直，甚至死亡
	硫	蛋氨酸、半胱氨酸、硫胺素、生物素、胰岛素的组成成分，软骨组织的组成成分	体弱消瘦，摄食量下降
微量元素	铁	血红蛋白和一些酶的构成成分	贫血，生长不良
	锌	许多酶的辅基，参与核酸和蛋白质代谢，调节细胞繁殖，对维持消化系统和皮肤健康起重要作用	生长受阻，导致掉鳞、烂鳍、白内障等
	铜	合成血红蛋白必需的物质，是细胞色素、细胞色素氧化酶和多酚氧化酶的组成成分	贫血，骨骼生长不良，心力衰竭，掉鳞，体色异常等
	碘	甲状腺的组成成分，参与几乎所有的物质代谢	代谢率下降，躯干短小，鳞少皮厚，皮下黏液性水肿
	钴	维生素 B_{12} 的组成成分，刺激骨髓的造血功能	食欲不振，消瘦，贫血
	锰	主要存在于动物肝脏中，参与骨骼的形成和色素细胞、胆固醇、性激素、凝血酶原的合成	佝偻病，性发育障碍，不育，骨骼变形弯曲，水肿痉挛，甚至死亡

续表 5-2

种	类	作 用	缺乏症
微量元素	钼	黄嘌呤、氧化酶、氢化酶和还原酶的辅助元素	生长缓慢
	铬	参与胶原形成和调节葡萄糖代谢率	未 定
	氟	组成骨骼的微量元素	未 定
	硒	谷胱甘肽过氧化物酶的组成成分,具抗氧化作用	肌肉营养不良,白肌症

饲料中添加的矿物质原料要求杂质少,不含有毒物质,生物学效价高,物理、化学性质稳定,便于加工和贮藏,因此一般多使用化工原料,或专门生产的饲料级原料。目前所生产的添加剂,多以氟石或含钙的石灰石作为载体。

(五)维 生 素

维生素是一类微量低分子有机化合物,是维持动物正常生理功能和生命活动所必需的。不能作为能量和构成机体的组成成分,不能自身合成,必须从饲料中摄取。主要以辅酶和催化剂形式参与各种代谢。水产动物对维生素的需要量极微,但若供应不足,会产生严重的缺乏症,故维生素又称为生物活性物质。

维生素分为脂溶性维生素和水溶性维生素,脂溶性维生素包括维生素 A、维生素 D、维生素 E、维生素 K,水溶性维生素包括 B 族维生素和维生素 C。它们的生理作用见表 5-3。

表 5-3　维生素的生理作用

	名　称	生理作用
脂溶性维生素	维生素 A	维持正常视觉功能和繁殖功能。缺乏时易患夜盲症(对弱光敏感度降低),对传染病抵抗力降低
	维生素 D	促进钙、磷的吸收,维持骨骼正常钙化。鱼类不易发生维生素 D 缺乏症
	维生素 E	抗氧化和维持正常生殖功能
	维生素 K	促进血液凝固
水溶性维生素	维生素 B_1	促进碳水化合物氧化,维持神经、消化、循环系统的正常功能,促进机体发育
	维生素 B_2	促进蛋白质、脂肪、碳水化合物的代谢,促进生长,维持皮肤和黏膜的完整性
	维生素 B_3	辅酶 A 的组成成分,与蛋白质、脂肪、碳水化合物的代谢有关
	维生素 B_5	参与机体氧化还原过程,促进新陈代谢和生长发育。缺乏时结肠水肿,游动失衡,生长缓慢
	维生素 B_6	作为辅酶参与蛋白质、脂肪、碳水化合物的代谢
	维生素 B_7	蛋白质、脂肪、碳水化合物中间代谢过程中的重要辅酶
	维生素 B_{11}	辅酶的成分,参与核酸合成和蛋白质、新细胞的形成。缺乏时发生贫血、生长停滞、免疫力下降等
	维生素 B_{12}	促进蛋白质、核酸的合成,促进红细胞的发育和成熟。缺乏时发生厌食、血红蛋白降低、贫血等
	胆　碱	卵磷脂的组成成分,参与脂蛋白的形成,防止脂肪肝的形成
	维生素 C	合成胶原和黏多糖,解除重金属毒性,参与体内代谢反应

二、渔用饲料原料的种类

渔用饲料是指能为水产动物提供能量、蛋白质、脂肪、维生素、矿物质等营养的物质。根据来源可分为粗饲料、能量饲料、蛋白质饲料、矿物质饲料、维生素饲料和饲料添加剂。

(一)粗 饲 料

粗饲料为粗纤维含量高、体积大、难消化、可利用养分少,但来源广泛的一类饲料。主要包括干草类和稿秕饲料。

粗饲料的营养特点是:粗纤维含量高,占干物质的 20%～24%,故能量价值低;无氮浸出物含量高,且半纤维素多,淀粉和糖类少,故消化率低;蛋白质含量低,仅占干物质的 3%～4%;维生素含量低,但维生素 D 含量高;灰分中硅酸盐含量高,钙多磷少,可补足能量饲料、蛋白质饲料中钙少磷多的缺陷。

(二)能量饲料

除蛋白质以外,饲料中还需要一定的其他物质作为能源,即由糖类源性原料和脂类源性原料提供的能源。能量饲料是指蛋白质含量低于 20%、粗纤维含量低于 18% 的饲料。能量饲料有谷物类(玉米、高粱、小麦、大麦、稻谷等)、糠麸类(小麦、麸皮、玉米皮等)、块根块茎类(甘薯、木薯、马铃薯、胡萝卜等)、糟渣类(酒糟、啤酒糟、豆腐渣、粉渣、甜菜渣等)、动物油脂和植物油脂等。

(三)蛋白质饲料

蛋白质饲料是指粗纤维含量低,而蛋白质含量高的一类饲料。与能量饲料相比,主要区别是干物质中蛋白质含量特别高,而无氮浸出物含量相对较低。但两者能值相差不大。

蛋白质饲料包括植物性蛋白质饲料、动物性蛋白质饲料和单细胞蛋白质饲料。

1. 植物性蛋白质饲料　包括豆科子实及其加工产品和加工副产品,各种油料子实及其油饼类。

(1)豆类　用于水产动物饲料的有大豆、蚕豆、豌豆等。

豆类子实蛋白质品质在植物性蛋白质中最优,主要表现为植物性蛋白质中最缺乏的限制因素之一的赖氨酸含量比较高,可消化蛋白质为谷实类的 3～4 倍。此外,含脂量也比较高。不足之处为蛋氨酸含量少,且含有一些抗胰蛋白酶、皂素和血凝集素等物质,影响饲料的适口性、消化性和水产动物的生理过程,使用前须经适当热处理(110℃,3 分钟)。

(2)饼粕类　是榨油工业的副产品,以压榨法榨油得到的是油饼,以浸提法得到的是油粕。饼粕类饲料是水产动物的主要蛋白质饲料,使用非常广泛。常用的有豆饼(粕)、棉籽粕、棉仁粕、菜籽粕、花生粕、玉米饼(粕)、糠饼(粕)、棕榈仁饼、芝麻饼(粕)等。

饼粕的营养价值随原料的种类和加工方法而异,但各种油料子实的共同特点是蛋白质和油脂含量高,一般粗蛋白质占 35％～44％,脂肪含量压榨饼类为 4％～8％,浸提粕类为 1％～3％。无氮浸出物较一般谷实类饲料低,故饼粕类饲料既是蛋白质饲料又是能量饲料,营养价值高。禾本科子实缺少的赖氨酸、色氨酸、蛋氨酸,在饼粕类饲料中含量均较丰富,且各种氨基酸组成完全,粗蛋白质消化利用率高。另外,饼粕类饲料磷多钙少,B 族维生素含量高,但胡萝卜素含量低。

①大豆饼　为饼类饲料中数量最多的一种,特点是粗蛋白质含量高(40％以上),必需氨基酸比其他植物性饲料高。赖氨酸含量为玉米的 4 倍。缺少蛋氨酸,使用时最好和其他饲料混合饲喂。

优质大豆饼呈淡黄色,具油香味。

大豆饼中的有害物质来自于大豆子实所含的胰蛋白酶抑制因

子、脲酶、抗血凝集素,故使用时需加热灭活。

②棉籽饼　棉籽饼粗蛋白质含量仅次于豆饼,达 30%～35%,缺乏赖氨酸,但蛋氨酸和色氨酸含量高于豆饼。磷含量与豆饼相似,缺乏钙和维生素 A、维生素 D,故营养价值略低于豆饼,但比禾本科子实高,仍为水产动物蛋白质的一个重要来源。

棉籽饼适口性不如豆饼,且含有毒素棉酚,使用时可将棉籽饼粉碎,加适量水煮沸,不断搅拌,保持沸腾半小时,冷却后再用。

③菜籽饼　菜籽饼货源充足,价格便宜,且营养较为全面。菜籽饼除含脂肪较低外,其他成分均能满足鱼类的营养需要,特别是 B 族维生素含量较高,且 10 种氨基酸含量较平衡。

菜籽饼中含有噁唑烷硫酮、异硫氰酸盐(脂)、硫氰酸脂等有毒物质,使用时可按 1∶1 的比例加水粉碎,然后埋入向阳、干燥、地势较高的坑中。坑的顶部和底部盖一层麦秸或稻草,覆土 20 厘米左右,经 60 天即可脱毒用于饲喂。

④花生饼　花生饼带香甜味,对水产动物适口性较强,能量价值高于豆饼。精氨酸和组氨酸含量较高,赖氨酸含量较低,烟酸、泛酸、硫胺素含量较高,胡萝卜素和维生素 D 含量低。

花生饼也含有胰蛋白酶抑制因子,可于 120℃左右加热,使其失活。

花生饼易感染黄曲霉菌,其产生的黄曲霉毒素对鱼类有危害,故应注意干燥保存。

⑤葵花籽饼　去壳葵花籽饼粗蛋白质含量高达 40%以上,粗脂肪在 50%以下,钙、磷含量比同类饲料高,B 族维生素比豆饼高,且易消化。带壳的葵花籽饼由于含有大量木质素,一般鱼类难以消化。

⑥亚麻仁饼　含粗蛋白质 37%以上,钙含量丰富,且易消化,适口性好,但含亚麻配糖体和亚麻酸,可产生氢氰酸,对鱼类产生毒害。

2. 动物性蛋白质饲料　主要包括水产和畜、禽副产品,其特点是:蛋白质含量高,灰分含量高,无氮浸出物含量少,几乎不含粗纤维;为动物性维生素 A 和维生素 D 的重要来源,B 族维生素特别是维生素 B_1、维生素 B_2 含量高;含未知的生长因子,有特殊的营养作用。

水产常用的动物性蛋白质饲料有鱼粉、肉粉、肉骨粉、血粉、羽毛粉、动物内脏粉、蚕蛹等。

(1)鱼粉　由鱼体或鱼体的一部分经过蒸煮、压榨、干燥、粉碎等工序加工而成。加工过程中分离出油脂的鱼粉称脱脂鱼粉,未分离出油脂的鱼粉称多脂鱼粉。一般鱼粉含粗脂肪 5% 以上,如果含粗脂肪在 10% 以上的鱼粉即为劣质鱼粉。

鱼粉为优质的蛋白质饲料,含蛋白质 55%～70%,且含有全部必需氨基酸,维生素和矿物质齐全,易消化,适口性好。

(2)肉粉　为动物内脏及不能食用的肉类残渣经高温、高压、干燥处理后磨制而成,呈黄色或深棕色,一般作为蛋白质补充饲料。

肉粉蛋白质含量为 54%～65%,钙、磷和 B 族维生素含量丰富,但缺乏维生素 A 和维生素 D。对鱼类的适口性好于鱼粉。

(3)肉骨粉　由畜、禽的躯体、胚胎、肉渣、骨头等制成。如果灰分含量较多,称骨肉粉。

肉骨粉粗蛋白质含量为 30%～50%,粗脂肪含量为 9%～18%,矿物质含量为 10%～25%,B 族维生素含量丰富。蛋白质消化率低,营养价值低于肉粉。

(4)血粉　为畜、禽血液干制而成,优质血粉呈暗棕色,粒度均匀,可通过 1 毫米筛孔。血粉粗蛋白质可达 83% 左右,富含赖氨酸、蛋氨酸、精氨酸。缺点是不溶于水,不易消化,且适口性差,一般仅作为蛋白质补充饲料。

(5)羽毛粉　为家禽羽毛经高压、水解后的产品。羽毛粉含蛋白质高达 80% 以上,氨基酸中缺乏赖氨酸、蛋氨酸,但组氨酸、苏氨酸、胱氨酸含量较多,可代替部分蛋白质饲料。

(6)动物内脏粉 由动物内脏器官干燥粉碎而成。虽蛋白质含量较高,但生物价值低,且维生素含量不高,应与其他饲料配合使用。

(7)蚕蛹 是一种优质蛋白质饲料,含粗蛋白质 50% 以上,氨基酸比较平衡。缺点是非蛋白氮含量较高,特别是几丁质氮含量较高。粗脂肪在 10% 以上,有特殊的气味,不宜久贮,也不宜多用,一般以 30% 以下为安全指标。

3. 单细胞蛋白质饲料 又称微生物饲料,主要是指酵母菌、细菌和一些单胞藻类等。

由于微生物生长繁殖快,生产工艺和设备简单,且蛋白质含量和生物学价值高,加上培养基质的原料种类多,其中不少是废弃物,不污染环境,且能变废为宝,故目前已受到广泛重视。

(1)酵母类 养鱼业应用较多的是啤酒酵母、饲用酵母和石油酵母。

啤酒酵母和饲用酵母均含丰富的水溶性维生素,可作为维生素补充剂,还含有钙、磷、钾、铁、镁、钠、钴、锰等矿物质及多种酶和激素,可促进鱼类对蛋白质和碳水化合物的吸收、利用。

石油酵母是以石油产品为原料培养微生物中得到的一种单细胞蛋白质。粗蛋白质含量为 50%~70%,氨基酸种类齐全且质量好,维生素含量丰富,但组氨酸含量略低。

(2)单胞藻类 水产上所用的单胞藻类主要为螺旋藻和小球藻,此外还有栅藻、扁藻等。

单胞藻类蛋白质含量高,氨基酸种类齐全,脂肪含量高,且富含水产动物所需的不饱和脂肪酸,作为水产育苗的活饵料有广阔的前景。同时,单胞藻类可以通过光合作用放氧和吸收水中富营养化成分,可净化污水和保护水环境。

（3）光合细菌　广泛存在于地球各处,无论是江、河、湖、海,还是水田旱地,均有光合细菌存在。

光合细菌含丰富的蛋白质,必需氨基酸种类齐全,维生素 B_{11}、维生素 B_{12}、生物素及辅酶 Q 含量均相当高。

另外,光合细菌能同化二氧化碳,固定分子氮,制造有机物,还能分解水中的硫化氢、氨氮、亚硝态氮等有毒物质,净化水体。

(四)矿物质饲料

渔用饲料中各种矿物质元素是以无机盐的形式添加到配合饲料原料中去的,这些矿物质必须用载体和稀释剂稀释。矿物质添加剂的常用载体有二氧化硅、纤维素或磷酸氢钙。目前使用的混合矿物质配方有美国全国研究理事会(NRC)1997 年提出的温水鱼饲料混合矿物质配方(表 5-4)和日本荻野研究的混合盐配方(表 5-5)。

表 5-4　美国 NRC 温水鱼饲料混合矿物质配方

(单位:克/千克干饲料)

矿物盐	分子式	含　量	矿物盐	分子式	含　量
碳酸钙	$CaCO_2$	7.5	硫酸铜	$CuSO_4 \cdot 5H_2O$	0.06
磷酸氢钙	$CaHPO_4 \cdot 2H_2O$	20	硫酸亚铁	$FeSO_4 \cdot 7H_2O$	0.5
磷酸二氢钾	KH_2PO_4	10	碘酸钾	KIO_3	0.002
氯化钾	KCl	1	硫酸镁	$MgSO_4$	3
氯化钠	$NaCl$	7.5	氯化钴	$CoCl_2$	0.0017
硫酸锰	$MnSO_4 \cdot 4H_2O$	0.3	钼酸钠	$NaMoO_4$	0.0083
硫酸锌	$ZnSO_4 \cdot 7H_2O$	0.7	亚硒酸钠	Na_2SeO_3	0.0002

表 5-5　日本荻野研究的混合矿物质配方

矿物质	分子式	含量(%)	微量元素混合物组成		
			矿物质	分子式	含量(%)
氯化钠	NaCl	1	硫酸锌	$ZnSO_4 \cdot 7H_2O$	35.3
硫酸镁	$MgSO_4$	15	硫酸锰	$MnSO_4 \cdot 4H_2O$	16.2
磷酸二氢钠	NaH_2PO_4	25	硫酸铜	$CuSO_4 \cdot 5H_2O$	3.1
磷酸二氢钾	KH_2PO_4	32	氯化钴	$CoCl_2 \cdot 6H_2O$	0.1
过磷酸钙	$Ca(H_2PO_4) \cdot H_2O$	20	碘酸钾	KIO_3	0.3
三羧酸铁		2.5	纤维素		45
乳酸钙		3.5			
微量元素混合物		1			
合　计		100	合　计		100

在日本荻野的混合盐配方中,可按 5% 的添加量加入配合饲料中。

(五)维生素饲料

鱼类对维生素的需要量比较复杂,维生素配方我国研究较少,绝大部分来自国外,表 5-6 为常用渔用复合维生素配方。

表 5-6　常用渔用复合维生素配方　(单位:毫克/千克干饲料)

研究者	哈尔弗 (1957)	长野配方 (1974)		Andrens (1963)	
对象鱼	鲑　鳟	虹　鳟	鲤　鱼	鲶　鱼	斑点叉尾鮰
维生素 B_1	12	10	5	3.8	20
维生素 B_2	40	30	10	19.3	20
维生素 B_6	8	7	30	3.8	20

续表 5-6

研究者	哈尔弗 (1957)	长野配方 (1974)		Andrens (1963)	
氯化胆碱	1600	700	500	125	550
a-氨基苯甲酸	80	70	30	—	—
泛酸钙	56	40	20	—	—
维生素 B_5	160	100	30	19.5	100
肌　醇	800	100	50	—	—
维生素 B_7	1.2	0.5	0.2	0.13	0.1
维生素 B_{11}	3	3	1	0.36	
维生素 B_{12}	—	—	—	0.008	
维生素 C	400	100	10	5	50
维生素 A	4400 单位	5000 单位	4400 单位	3000 单位	5000 单位
维生素 D_3	8802 单位	1000 单位	880 单位	825 单位	1000 单位
维生素 E	80	30	50	24 单位	50 单位
维生素 K_3	8	1	1		10

以上配方中,哈尔弗配方用于基本饲料中不含维生素时,故用量偏大,价格较高,如果基本饲料含维生素应适当减少用量。氯化胆碱添加量较大,氯化胆碱易吸潮且有很强的碱性,易破坏维生素 A、维生素 D、维生素 K 和胡萝卜素的稳定性,故必须单独使用,且现用现配。泛酸钙、维生素 B_5 和维生素 C 相互影响,故也须单独使用,一般选用麸皮、脱脂米糠等作为维生素载体或吸附剂。先预混、拌匀或直接作粉剂添加,也可制成微型胶囊状和油状添加。由于各种维生素不稳定,故一般是用它们的商品形式。常用维生素的商品形式及质量规格见表 5-7。

表 5-7　常用维生素的商品形式、质量规格以及性状与特点

维生素	主要商品形式	质量规格	主要性状与特点
维生素 A	维生素 A 醋酸酯	100 万～270 万单位/克	油状或结晶体
		50 万单位/克	包膜微粒制剂，稳定
维生素 D	维生素 D_3	50 万单位/克	包膜微粒制剂，稳定
维生素 E	生育酚醋酸酯	50%	以载体吸附，较稳定
		20%	包膜制剂，稳定
维生素 K	维生素 K_3	94%	不稳定
		50%	包膜制剂，稳定
维生素 B_1	硫胺素盐酸盐	98%	不稳定
	硫胺素单硝酸盐	98%	包膜制剂、稳定
维生素 B_2	核黄素	96%	不稳定，有静电性，易黏结
			包膜制剂，稳定
维生素 B_3	右旋泛酸钙	98%	保持干燥，十分稳定
	右旋泛醇		在 pH 值为 4～7 的水溶液中显著稳定
维生素 B_5	烟酸	98%	稳定
	烟酰胺		包膜制剂，稳定
维生素 B_6	吡哆醇盐酸盐	98%	包膜制剂，稳定
维生素 B_7	生物素	1%～2%	预混合物，稳定
维生素 B_{11}	叶酸	98%	易黏结，需制成预混合物
维生素 B_{12}	氰钴胺或羟钴胺	0.5%～1%	干粉剂，以甘露醇或磷酸氢钙为稀释剂
胆碱	氯化胆碱	70%～75%	液体
		50%	以二氧化硅或有机载体预混

续表 5-7

维生素	主要商品形式	质量规格	主要性状与特点
维生素 C	抗坏血酸、抗坏血酸钠、抗坏血酸钙		不稳定,硅酮和油脂包膜,较稳定
	维生素 C 硫酸酯钾		粉剂,稳定
	维生素 C 硫酸酯镁	48%(维生素 C)	粉剂,稳定
	维生素 C 多聚磷酸酯	46%(维生素 C)	液体,稳定
		7%～15%(维生素 C)	固体,以载体吸附,稳定

(六)饲料添加剂

饲料添加剂是为了某些特殊需要,向各种配合饲料中分别加入的具有各种生物活性的物质,主要作用有强化饲料营养价值,保障鱼类营养需要和健康,促进鱼类正常发育和加速生长,提高鱼类对饲料的利用效率等。常用的饲料添加剂有以下几种。

1. 氨基酸添加剂　主要是添加鱼类自身不能合成的必需氨基酸,鱼类必需的第一限制性氨基酸是蛋氨酸,其次是赖氨酸和色氨酸。

2. 抗生素添加剂　主要是指具有抗菌作用的化合物。作用是促进鱼类生长和预防疾病。在使用抗生素时,为防止产生耐药性和在鱼体内的残留,应选用动物专用的抗生素,如杆菌肽素和多肽类抗生素,或多种抗生素轮流使用。

3. 酶制剂　如蛋白酶、淀粉酶、纤维素酶等,可促进饲料中营养物质的消化利用。

4. 激素类添加剂　也称代谢调节剂,直接影响体内代谢,提高鱼类繁殖能力。渔用人工合成激素有性激素、肾上腺皮质激素和皮激素等。

5. 引诱剂　主要是能引诱鱼类摄食,增加鱼的摄食量。对鱼类摄食有引诱作用的物质有氨基酸类的丙氨酸、精氨酸、甘氨酸、脯氨酸等,核酸类的 $5'$-腺嘌呤核苷酸、$5'$-腺嘌呤核苷二磷酸、$5'$-腺嘌呤核苷三磷酸等。

6. 抗氧化剂　可防止饲料中的油脂和脂溶性维生素的氧化分解,常用的有丁羟甲苯(BHT)、丁羟甲氧基苯(BHA)、乙氧基喹林(又称山道喹、乙氧喹)、柠檬酸、磷酸、维生素 E 等。

7. 防霉剂　是用于防止饲料发霉变质的制剂,常用的有丙酸钙、丙酸钠、丙酸铵等。

8. 着色剂　观赏鱼、虾、鲑鱼、鳟鱼等表皮、肉的色泽为人们所重视,饲料中必须加入虾黄质、虾青素、角黄素等着色剂。添加量一般为对虾加入虾青素 $30\sim50$ 毫克/千克;金鱼或锦鲤加入虾青素 $30\sim50$ 毫克/千克;真鲷加入虾青素 $20\sim100$ 毫克/千克;虹鳟加入虾青素 50 毫克/千克或角黄素 50 毫克/千克等。

9. 黏结剂　添加黏结剂可防止饲料营养成分散失,减少饲料对水质的污染。

常用的天然黏结剂有血浆、动植物胶、海藻酸钠、α-淀粉,化学合成黏结剂有聚丙烯酸钠、羧甲基纤维素(CMC)等。

三、渔用饲料配方的设计与加工技术

根据水产动物的营养需要,将多种营养成分按一定的比例均匀混合,通过渔用饲料加工机械制成营养全面、适口性好的饲料称为配合饲料。配合饲料与生鲜饲料和单一饲料相比,具有营养全面平衡,在水中稳定性好,投喂不受季节和气候限制,可全年使用,可合理利用各种饲料源,添加抗氧化剂和防霉剂等可延长保存期等优点。

（一）渔用配合饲料的种类

由于水产动物在水中生活，一般个体较小，其对配合饲料物理性状的要求与畜、禽饲料相比有其自身的特点。根据渔用配合饲料的物理性状可分为以下几种类型。

1. 粉状饲料 将各种饲料原料粉碎到一定的粒度，按配合比例充分混合后包装。使用时加适量水和油搅拌成团块状饲料。主要作为低龄水产动物饲料。

2. 颗粒饲料 呈棒状，长度为直径的 1～2 倍。一般渔用饲料直径为 2～8 毫米，依加工方法和成品的物理性状可分为以下 3 种类型。

（1）软颗粒饲料 含水量为 25%～30%，颗粒粒度 1 克/厘米^3 左右。饲料原料粉碎后加水和黏合剂，经软颗粒渔用饲料机挤压成型。软颗粒饲料质地松软，在水中稳定性差，适合于养殖场自产、自用。我国主要养殖鱼类如青鱼、草鱼、鲢鱼、鲤鱼、鲫鱼、团头鲂、罗非鱼等喜食。

（2）硬颗粒饲料 含水量在 12% 以下，颗粒细度 1.3 克/厘米^3 左右。原料经粉碎、混合、80℃ 左右蒸汽调质、成型制粒等连续机械化生产，适宜于大规模生产使用。硬颗粒饲料结构细密，在水中稳定性好，属沉性饲料，适用于鲤科鱼类、鲑鳟鱼类、鲶鱼、罗非鱼、鲴鱼等。

（3）膨化饲料 含水量在 6% 左右，颗粒细度 1 克/厘米^3 以下。配方要求淀粉含量在 30% 以上，脂肪含量在 6% 以下。膨化饲料在硬颗粒饲料的基础上经膨化发泡而成，属浮性饲料。一般应用于观赏鱼和中上层鱼类。

3. 微粒饲料 又称微型饲料，可替代浮游生物饲喂甲壳类、贝类幼体和仔稚鱼。

(二)渔用配合饲料的设计方法

配合饲料的设计首先应考虑水产动物的营养需求,贯彻营养平衡的原则,其次应尽量开发利用经济、供应稳定的饲料原料。

配合饲料的计算方法有多种,有试差法、方形法、代数法和电子计算机设计法等,但常用且比较简单的是方形法。现举例如下。

第一步,查得某种水产动物所需营养标准的粗蛋白质要求为45%,而现有原料中蛋白质含量是:鱼粉65%,豆饼45%,玉米面9%,麸皮15%。

第二步,原料分类(可按蛋白质含量及其类别分类),并按原料来源及价格情况确定每种原料在各类中的百分比(表5-8)。

表 5-8　饲料配方设计原料分类

	种 类	百分比	含粗蛋白质	总含粗蛋白质
蛋白质饲料	鱼 粉	40%×65%	26%	53%
	豆 饼	60%×45%	27%	
能量饲料	玉 米	50%×9%	4.5%	12%
	麸 皮	50%×15%	7.5%	
饲料添加剂	磷酸盐	1%	—	占混合料的 2.5%
	维生素和氨基酸	5%	—	
	黏合剂	1%	—	

第三步,计划配制的混合料中减去饲料添加剂部分,再核算剩余混合料实际需配成的粗蛋白质含量。如配制混合料 1 000 千克,减去添加剂 25 千克,余下为 975 千克,实际要配制的粗蛋白质含量为:

$$45\% \div (100\% - 2.5\%) = 46.2\%$$

第四步,画一方框图,把实际要配制的粗蛋白质含量(46.2%)写在交叉线中间,左上、左下角分别标注能量与含蛋白质原料的蛋白质含量,连接对角线,顺着对角线方向用大数减小数所得余数填在对应的右上角、右下角,再计算两类原料应占百分比含量(图 5-1)。

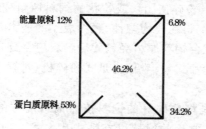

能量原料 12%　　6.8%

46.2%

蛋白质原料 53%　　34.2%

图 5-1　方形法配制饲料

能量原料＝6.8％÷(6.8％＋34.2％)＝16.6％

蛋白质饲料＝34.2％÷(6.8％＋34.2％)＝83.4％

第五步,分别计算出各种原料占 1 000 千克混合饲料中百分比含量,得出粗蛋白质含量为 45％的渔用饲料配方。

能量饲料:玉米 975×16.6％×50％＝80.9(千克)

　　　　　麸皮 975×16.6％×50％＝80.9(千克)

蛋白质饲料:鱼粉 975×83.4％×40％＝325.3(千克)

　　　　　豆饼 975×85.4％×60％＝487.9(千克)

添加剂:磷酸盐为 10 千克,维生素和氨基酸 5 千克,黏合剂 10 千克。

(三)渔用配合饲料的加工工艺

渔用配合饲料的加工要根据不同品种和不同生长阶段所要求的饲料形态采用合理的加工工艺,同时要保证原料粉碎的细度。配合饲料的加工一般要经过饲料原料的清理、粉碎、混合制粒和成品包装等加工工序。

1. 原料清理 主要是除去混杂在原料中的石块、铁丝、麻绳、编织袋片等异物。清除非金属杂物可用振动式清理筛和圆筒式初清筛,清除金属杂物可用永磁滚筒。

2. 原料粉碎 粉碎使团块或粒状的饲料原料变小,使鱼类易于消化,也可提高饲料混合均匀性、颗粒成型的能力及在水中的稳定性。一般渔用配合饲料原料经粉碎后粉料应全部通过 40 目筛。常用的粉碎机有锤片式粉碎机、齿爪式粉碎机、对辊式粉碎机及其他特种粉碎机。

3. 混合 就是将粉碎好的饲料按照饲料配方的比例用搅拌机充分搅拌均匀。常用的搅拌机有卧式和立式 2 种,我国大多使用立式混合机。

4. 制粒 混合好的粉料,经挤压、黏合成颗粒。软颗粒的加工一般采用螺杆挤压式制机,粉料加水搅拌后,借制粒机的螺旋推进和挤压作用成型。硬颗粒饲料的加工大多采用环模颗粒机,混合好的粉料在调质室内与喷入的蒸汽混合后进入制粒机,通过制粒机环模和压辊挤压成一定规格的颗粒状饲料。膨化饲料的加工是混合好的饲料原料在膨化机内加热,在机内螺杆的挤压下处于高温、高压状态,从模孔中冲出进入大气时,由于温度和压力骤然下降,饲料中的水分迅速蒸发,体积迅速膨胀,从而密度减轻,易于浮在水面上。

5. 冷却与破碎 从制粒机出来的饲料温度一般在 80℃左右,首先要在冷却器中冷却。破碎的目的是将大的颗粒饲料筛分成不同大小规格,以满足不同大小和不同生长阶段各种规格鱼的需要。常用的辊式破碎机可将颗粒饲料加工成小颗粒的饲料。

6. 筛分和包装 筛分的目的是除出碎渣和粉末,碎渣和粉末可再返回加工。饲料包装好后便于贮藏。

四、渔用配合饲料的保存技术

渔用配合饲料在保存的过程中,营养成分易损坏变质,甚至产生有毒物质。其中蛋白质总量变化不大,但游离氨基酸增加,酸价提高。单糖、双糖逐渐被消耗。维生素也易变性损失,维生素的损失与饲料中的含水量有关。小麦含水量在17%时,保存5个月B族维生素损失30%;而含水量在12%时,同期损失12%。同时,温度也影响维生素的保存,温度在7℃时,胡萝卜素损失一半,在25℃时损失3/4。长期保存,加之温度高,水分含量多,胡萝卜素将完全损失。在饲料保存过程中,损失最大的是维生素A,其次是维生素C,B族维生素相对最稳定。

渔用配合饲料的保存,其含水量一般以10%以下为好,保存饲料的仓库、场地宜干燥、避光。有条件的地方,饲料最好用塑料袋密封保存。避免鼠类、昆虫等有害动物消耗和损坏饲料。

渔用配合饲料的保存有缺氧保存、干燥保存、通风保存、低温保存和化学保存等方法。化学保存中常用的化学制剂有防霉剂和抗氧化剂。

添加防霉剂的目的是抑制饲料中霉菌的生长和代谢。饲料中的蛋白质、淀粉和维生素等营养成分在高温、高湿条件下,因微生物的繁殖易发生霉变,产生有毒物质(霉菌毒素或黄曲霉毒素),霉变的饲料适口性差,且会引起鱼类拒食、腹泻、生长不良甚至死亡。常用的防霉剂有:丙酸钠,每吨饲料添加1千克;丙酸钙,每吨饲料添加2千克;脱氧醋酸钠,每吨饲料添加200~500克。上述防霉剂加入饲料,拌匀后即可达到防霉效果。

渔用饲料中含较多的脂肪和脂溶性维生素,在空气中易氧化分解产生异味变质,从而降低饲料营养价值,故常需加入抗氧化剂。抗氧化剂的作用机制在于首先和易氧化物质的活泼基结合,从而阻止饲料中的营养成分被氧化。常用的抗氧化剂有乙氧基喹啉、丁基羟基甲氧苯、二丁基羟基甲苯、五倍子酸酯、生育酚、维生素 C 等,一般添加量为 0.01%～0.05%,饲料中含脂量较多时,可适当增加添加量。

如果条件允许,渔用饲料最好当时加工当时使用,这样有利于保持饲料新鲜,营养不至于散失,对发挥饲料的效率有一定的作用。加入防霉剂、抗氧化剂可能产生一些副作用,产生相反的效应。

五、渔用配合饲料营养价值的评定方法

渔用配合饲料营养价值的评定就是评价某种渔用饲料营养价值的高低,对于合理选用饲料,科学编制配合饲料配方,确定某一阶段的饲料用量,合理安排饲料的生产,具有重要的参考价值。评定内容主要包括营养成分的评定、饲料消化率的评定、饲料蛋白质利用率的评定、饲料系数的评定、卫生质量的评定等。

(一)营养成分的评定

营养成分的评定是用常规分析方法测定饲料中各种营养成分的含量,分为概略养分分析法和纯养分分析法。

1. 概略养分分析法 主要是评价水分、粗蛋白质、粗脂肪、粗纤维、无氮浸出物和粗灰分 6 种成分的含量。一般而言,粗蛋白质含量越高,粗纤维含量越低,渔用饲料的营养价值越高;反之,粗蛋白质含量越低,粗纤维含量越高,饲料的营养价值越低。本法的特点是方法简单,对仪器设备要求不高,但分析成分的指标较多,为当前评定渔用配合饲料质量普遍采用的方法。

2. 纯养分分析法 是利用现代分析技术测定饲料中的纯养分,如粗蛋白质中的纯蛋白质、各种氨基酸,粗纤维中的纤维素、半纤维素、木质素,粗脂肪中脂肪酸的含量等。本法对仪器的要求较高,但要求测定的指标单一、精度高、针对性强,适用于诊断鱼类代谢性疾病、研制饲料配方等。

(二)饲料消化率的评定

饲料经过水产动物的消化、吸收和利用后,有一部分转化为鱼体的一部分,另有一部分以粪便等形式排出体外。饲料中某一营养成分被消化的量占饲料总量的百分比就是这一营养成分的消化率。饲料中各种营养成分消化率的平均值称为饲料消化率或总消化率,用公式表示为:

$$饲料中某种成分的消化率(\%) =$$

$$\frac{摄入某种饲料的营养成分量 - 粪便中某种营养成分量}{摄入某种饲料的营养成分量}$$

测定饲料消化率的常规方法是全粪法,即收集鱼的所有粪便,测定收集粪便的营养成分量,也可用指示剂指示法和同位素标记法。

(三)饲料蛋白质利用率的评定

由于蛋白质是渔用饲料最重要的营养物质,水产动物对蛋白质的需要量大,而不同饲料所含蛋白质的量不同,不同种类的鱼对蛋白质的利用率也不同,故可用饲料蛋白质利用率来评定饲料的营养价值。

饲料蛋白质利用率主要是指水产动物体内蛋白质增加量与该水产动物摄入饲料蛋白质总量的比值,用公式表示为:

$$饲料蛋白质利用率(\%) = \frac{鱼体蛋白质增加数量}{摄入饲料蛋白质的数量} \times 100\%$$

蛋白质利用率越高,说明该饲料质量越好。

(四)饲料系数的评定

饲料系数是我国渔业上评定饲料营养效果最常用的指标。饲

料系数是指水产动物在养殖过程中所投喂饲料总重量与水产动物净增重量的比例,用公式表示为:

$$饲料系数 = \frac{饲养期间投喂的总重量}{收获时水产动物总重量 - 放养时总重量} \times 100\%$$

$$= \frac{投喂总重量}{水产动物总增重量} \times 100\%$$

饲料系数除与饲料的营养成分有关外,还与水域环境条件、饲料加工技术、投喂技术有关。因此,饲料系数也可评价养殖技术水平的高低。

饲料系数的倒数乘以 100% 时,即可得到评价饲料营养价值的另一指标,即饲料效率。饲料效率是投喂单位重量饲料,水产动物的净增重量,即:

$$饲料效率(\%) = \frac{水产动物增重量}{饲料消耗总重量} \times 100\%$$

(五)饲料卫生质量的评价

饲料的卫生质量主要是指饲料中有毒、有害物质以及有害微生物的含量,如饲料中的重金属砷、铅、镉、铬、汞等有毒元素的含量,黄曲霉毒素、各种农药残毒量等。饲料卫生质量评价可确保饲料中有毒、有害物质含量在国家规定的范围内,也是保证饲料质量的重要方法。

六、主要养殖鱼类饲料的配制

(一)鲫鱼饲料的配制

鲫鱼为杂食性鱼类,幼鲫主要吃浮游动物和植物嫩芽、腐屑等,成鱼喜食各种水生昆虫和底栖动物,如轮虫、枝角类、桡足类等。人工饲养时,一般可投豆饼、菜籽饼、花生饼、棉籽饼、麸皮、玉米粉、米糠、豆渣及各种家畜、家禽的粪便等。

经济配方:稻谷 18%,玉米 30%,菜籽饼 25%,豆饼 25%,鱼粉 1%,食盐 1%。

(二)鲤鱼饲料的配制

鲤鱼为杂食性鱼类。鱼苗、鱼种阶段主要以轮虫等浮游动物为食,成鱼阶段以各种螺类、幼蚌、水蚯蚓、昆虫幼虫、小鱼虾等水生动物和各种藻类、水草、植物碎屑等水生植物为食。人工饲养可投喂各类商品饲料和人工配合饲料。

鲤鱼对蛋白质的营养需求量一般鱼苗至鱼种阶段为 38%~40%,鱼种至成鱼阶段为 32%~38%,成鱼和亲鱼为 28%~32%,对脂肪的需要量为 5%左右,对碳水化合物的需要量为 40%左右,纤维素的含量应控制在 10%~15%。

经济配方一:鱼粉 3%,虾糠 6%,蚕蛹 3%,豆饼 40%,麸皮 15%,玉米 8%,甘薯 5%,蔬菜类 20%,生长素 0.2%,维生素添加剂 0.06%。

经济配方二:鱼粉 5%,豆饼 30%,玉米面 15%,麸皮 40%,稻草粉 8%,食盐 1%,矿物质添加剂 1%。

经济配方三:鱼粉 5%,豆饼 70%,玉米面 10%,麸皮 10%,稻草粉 3%,食盐 1%,矿物质添加剂 1%。

经济配方四:麸皮 50%,玉米粉 30%,豆渣 20%。

(三)青鱼饲料的配制

青鱼为肉食性鱼类。幼鱼以浮游动物为食,体长达 15 厘米时,摄食小螺蛳和蚬,成鱼主要摄食软体动物、底栖动物和水生昆虫的幼虫。人工饲养时可投喂螺蛳、蚬、蚕蛹等动物性饲料,也可投喂饼类、糠麸类等植物性饲料。

青鱼对蛋白质的需要量为 30%~41%,对脂肪的需要量为

3%～8%,另外可单独添加适量亚油酸或亚麻酸,对碳水化合物的需要量为 25%～35%,对纤维素的需要量为 8%,对矿物质的需要量磷为 0.57%,钙为 0.68%,镁为 0.06%,铁为 0.031%,锌为 0.013%。

鱼苗饲料配方:鱼粉 30%,豆饼 30%,菜籽饼 19%,大麦粉 16%,植物油 3%,矿物质 2%,维生素添加剂喷雾添加。

2 龄鱼种饲料配方一:棉籽饼 40%,豆饼 10%,大麦粉 30%,蚕蛹 17%,骨粉 2%,食盐 1%。

2 龄鱼种饲料配方二:菜籽饼 50%,豆饼 10%,大麦粉 30%,蚕蛹 7%,骨粉 2%,食盐 1%。

3 龄鱼种饲料配方:鱼粉 20%,豆饼 14%,菜籽饼 10%,大麦粉或玉米粉 16%,麸皮 33%,矿物质添加剂 4%,植物油 3%,维生素添加剂喷雾添加。

成鱼饲料配方:豆饼 48%,菜籽饼 30%,麸皮 11%,混合粉 2%,复合氨基酸 5%,矿物质添加剂 2%,食盐 2%。

(四)草鱼饲料的配制

草鱼为典型的草食性鱼类。体长 6 厘米以下的鱼苗、鱼种主要以浮游动物和藻类为食;体长 6 厘米以上时,食性明显转向以草类为主,如马来眼子菜、轮叶黑藻、小茨藻、浮藻等水生植物,也可摄食蔬菜和各种陆生嫩草,人工饲养还可投喂米糠、麸皮、豆饼、豆渣和酒糟等。

草鱼对蛋白质的需求量在夏花鱼种阶段以 30%～35%较为适宜,鱼种至成鱼阶段以 22%～28%较为适宜。草鱼利用脂肪的能力较差,一般饲料中脂肪含量以 3.5%较为适宜。对碳水化合物的需要量为 45%～50%。一般鱼类不能消化吸收纤维类,但草鱼可以利用少部分纤维素,饲料中纤维素含量可达到 12%左右。

夏花硬颗粒饲料配方:鱼粉 21%,豆饼 16%,菜籽饼 16%,大麦 15%,小麦麸 27.5%,植物油 3%,矿物质添加剂 1.5%,维生素喷雾添加。

2 龄鱼种硬颗粒饲料配方:鱼粉 18%,豆饼 14%,菜籽饼 12%,大麦 16%,麸皮 15.5%,稻草粉 17.5%,植物油 3%,矿物质添加剂 4%,维生素喷雾添加。

3 龄鱼种硬颗粒饲料配方:鱼粉 14%,豆饼 7%,菜籽饼 6%,大麦 16%,麸皮 31.5%,稻草粉 18.5%,植物油 3%,矿物质添加剂 4%,维生素喷雾添加。

(五)团头鲂饲料的配制

团头鲂为草食性鱼类,体长 3.5 厘米以下时,以枝角类为主的浮游动物为食,天然水域中成鱼可食苦草、轮叶黑藻、聚草、菹草、马来眼子菜等。池养条件下喜食饼粕类、糠麸类、面粉、玉米粉和陆生草类,且有较高的消化能力。

团头鲂对蛋白质的需要量为 21%～30%,脂肪为 2%～5%,碳水化合物为 25%～30%,纤维素以 12%较为适宜。

鱼种饲料配方:鱼粉 4%,豆饼 27%,菜籽饼 14%,大麦粉 26%,麸皮 24.5%,植物油 3%,矿物质添加剂 1.5%。

成鱼饲料配方:鱼粉 2%,豆饼 30%,菜籽饼 35%,混合粉 19%,麸皮 10%,矿物质添加剂 4%。

(六)尼罗罗非鱼饲料的配制

尼罗罗非鱼属杂食性鱼类,天然水域中的幼鱼摄食浮游硅藻及其他藻类和小型甲壳动物,成鱼以各种藻类、嫩草、有机碎屑、底栖动物和水生昆虫为食,人工养殖可投喂米糠、麸皮、豆饼、花生饼、菜籽饼、豆渣、酒糟等农副产品,更喜食鱼粉、蚕蛹等动物性饲料。

尼罗罗非鱼对蛋白质的适宜需要量为 30%,脂肪的适宜需要量为 10％左右,碳水化合物的适宜需要量为 30％～40％,纤维素的适宜需要量为 5％～20％,单一矿物质的适宜需要量磷为 0.8％～1％,镁为 800 毫克/千克饲料,铁为 150 毫克/千克饲料,锰为 12 毫克/千克饲料,锌为 1 000 毫克/千克饲料,铜为 0.3～0.4 毫克/千克饲料。

经济配方一:鱼粉 8％,豆饼 5％,芝麻饼 35％,米糠 30％,玉米 8％,麸皮 12％,矿物盐添加剂 2％。

经济配方二:鱼粉 8％,酵母 5％,豆饼 20％,棉籽饼 15％,小麦粉 10％,麸皮 38％,矿物质添加剂 2％,维生素添加剂 2％。

经济配方三:鱼粉 5％,豆粕 30％,麸皮 40％,玉米粉 24％,矿物质添加剂 1％。

七、渔用配合饲料使用技术

渔用配合饲料养殖效果受诸多因素的影响,饲料投入水中,然后再进入鱼体内,最终剩余以粪便形式排出,经过了多个环节,饲料使用效果一般体现在饲料系数上,饲料系数为投入水中的配合饲料重量与鱼体增重量的比例,一般淡水鱼类的全价配合饲料饲料系数为 1.2～2.5,即 1.2～2.5 千克饲料长 1 千克鱼。除了饲料质量为饲料系数的重要影响指标外,在实际生产中影响饲料系数的因素很多,如水温、水质、投喂技术、病害等。

(一)影响渔用配合饲料使用效果的因素

1. 饲料营养水平 饲料是鱼类生长的物质基础,鱼类所需蛋白质、脂肪、碳水化合物、矿物质、维生素等重大营养物质,必须由配合饲料提供,若营养不全或水平不够,就会影响鱼类的生长,从而降低饲料利用率,饲料系数就会明显提高。

2. 饲料的加工质量 渔用配合饲料是投入水中后才能被鱼

类所利用,所以饲料的耐水性就显得非常重要,饲料耐水性差,在水中溶失速度快,就会使饲料在未被鱼类摄食之前就散失于水中,浪费饲料,增高饲料系数。另外,饲料黏性差,在装车和运输过程中颗粒破碎,造成粉料比例增加,而粉料投喂在水中不能被吃食性鱼类所摄食,造成浪费,这也会增加饲料系数。

3. 水 质

(1)溶解氧 水中溶解氧是影响鱼类摄食能力和消化吸收率最为主要的环境因素之一。一般鱼类在 5 毫克/升以上时摄食旺盛,消化吸收率也高;而低于 3 毫克/升时,鱼类摄食能力明显减弱,若出现浮头和泛塘,鱼类就基本停食,消化功能也降至最低。所以,饲料系数就会增高。缺氧时间越长,次数越多,饲料的使用效果就越差。

(2)水温 鱼类的生长有一定的适宜水温范围,在适宜的水温范围内,随着水温的升高,鱼类的摄食能力加强,消化吸收率提高,生长速度加快,所以饲料效率提高,饲料系数降低。过低水温或过高水温对鱼类的生长都不利,也都会影响鱼类的摄食和饲料的利用。另外,在短时间内水温变化幅度较大或过快,也会影响鱼类生长。

(3)pH 值 鱼类正常生长需要一定的 pH 值范围,一般淡水鱼类为 6.5~8.5,过高、过低都会影响鱼类生长、代谢和其他生理活动,在实际生长中 pH 值经常会有变化,如生石灰、漂白粉清塘消毒都会使水体 pH 值偏高,从而影响鱼类摄食和饲料利用率。

4. 鱼类健康状况 在饲养过程中鱼类不生病或很少生病就能够很好地生长,在鱼类生病或经常生病状态下,鱼类的生理功能下降,消化吸收能力下降,摄食少,即使摄食,消化吸收率也比较低,这样饲料系数就会明显提高。同时,在生病期间,需不断用药,消毒杀灭病原,这些消毒剂对鱼类也有刺激或毒副作用,也会影响鱼类的摄食和生长。

(二)渔用配合饲料的投喂技术

包括投喂量控制、投喂时间、投喂频率、经验等。另外,是否使用投喂机也是一个影响因素。

1. 日投喂率 以吃八成饱为宜,即在80%的养殖鱼已经吃饱,离去或在周边漫游,没有摄食欲望时,停止投喂,用此法确定每次投喂量比较实际,其优点如下:一是可靠性强。由于鱼存量抽样存在误差,可造成日投喂量的计算误差,如实际投喂量与日投喂量相差较大,可能是计算的投喂量不准确。二是可以减少饲料损失。掌握好"八成饱"的投喂原则,不仅能提高鱼的食欲,而且可减少饲料损失,降低养殖成本。三是可以提高饲料的消化吸收率。鱼摄食过饱,饲料营养成分的吸收率低,消化不彻底;若投喂量太少,鱼会因饥饿而不停觅食,影响鱼的生长。实践证明"八成饱"时饲料营养成分的消化吸收率最好。

2. 投喂频率 当日投喂量确定后,在一天内分成多次投喂,并以少量多次为原则,这样可避免因一次性投喂过多而发生饲料沉底、外溢浪费等现象。但如果投喂次数过多,也会使日投喂量过于分散而引起鱼群争食过激,出现强者饱食、弱者受饿,造成鱼群生长不均匀的现象。

3. 定时投喂 定时投喂可以驯化鱼类摄食行为,规范鱼类消化道的消化作用节奏,为消化道正常有节律、高效运行提供外部支持。也能保证饲料充分被鱼类摄食,减少在水中的散失,提高饲料利用率。

4. 投喂点数量和分布 投喂地点一般集中、固定,这样可以使鱼类集中采食,减少浪费。但有的种类不喜集群,摄食时相互抢食并争斗,甚至相互残杀,消耗体能,降低饲料利用率,所以投喂时就应分散,投喂面积应扩大。研究发现,集群习性鱼类一旦集群,与单独或少数个体相比,平均每尾耗氧量反而减少;若把不是集群性的鱼集结成群,氧消耗量则增高。

(三)渔用配合饲料投喂时应注意的问题

基本原则为"四定"投喂原则,在此基础上,需根据养殖对象、水体环境、养殖目标等选择适合的饲料和投喂方法。

1. 根据水中溶解氧来控制投喂量 水中的溶解氧是鱼类最主要的环境影响因子,它的多少直接影响鱼类的摄食和鱼类对食物的消化吸收力。水中溶解氧丰富(5 毫克/升以上),鱼类摄食能力强,消化吸收率高,这时应多投喂,以满足鱼类的生理和营养需要。在阴雨、高温天气和高密度养殖情况下,池塘缺氧,尤其在出现浮头现象时,应注意控制少投喂或不投喂,以免造成饲料浪费和水质污染。

2. 根据水温来调整投喂率 所谓投喂率就是每天投喂量占鱼体重量的比例,投喂率与水温、鱼类品种和个体大小等有关,尤其是随着水温升高、季节变化,投喂率也应随之进行调整。以鲫鱼为例,水温在 15℃时开始摄食(3～4 月份),这时投喂率为0.5％～1％;当水温达 18℃～22℃时,投喂率上升至 1％～2％;当水温在22℃～30℃时,随水温增高,投喂率逐步升高,为 2％～3.5％。当然,平时投喂率大小除依据水温外,还需根据当时的实际情况,如天气、鱼病等进行相应调整。

3. 投喂频率的确定 投喂频率即每天投喂的次数,一般也依据鱼类品种、大小等因素确定。鱼苗期投喂次数多于成鱼期,无胃鱼投喂次数多于有胃鱼(因为无胃鱼如草鱼、团头鲂、鲤鱼、鲫鱼等摄食的饲料由食道直接进入肠内消化,一次容纳的食物量远不及肉食性的有胃鱼),低温季节投喂次数少。在实际生产中,投喂次数过少,鱼类处于饥饿状态,营养得不到及时补充,会影响生长;投喂频率过高,食物在肠道中的消化吸收率降低,影响营养物质充分利用,造成饲料浪费,污染水质,使得饲料系数提高,影响饲料使用效率。

4. 投喂速度的控制　投喂饲料一般以两头慢、中间快为好，先慢是为了将鱼引过来，然后再加快投喂速度，后期再放慢投喂速度，以免饲料落入水底，造成浪费。在驯化投喂时，也是先慢后快，先少后多，先集中投于点，后扩大至面，投喂时间与池塘内鱼类多少有关，存塘量大，投喂时间就相对长一些。另外，还与鱼类品种有关，如草鱼吃食速度快于鲤鱼，而鲤鱼又快于鲫鱼、鳊鱼。

5. 防病治病时饲料的投喂　池塘泼洒药物进行消毒时，应注意适当少投喂饲料，因消毒药不仅对病原有毒害作用，对鱼类也有毒害作用，也会造成鱼类轻度中毒，使其摄食能力下降。投喂药饵时，前一天应减少投喂量，或停止投喂，使鱼类处于饥饿状态，增强鱼类对药饵的摄食能力，有利于药饵被充分利用，从而提高预防和治疗效果。

6. 根据实际情况适度停喂　在实际生产中，经常会出现高温、阴雨、鱼病、水质恶化、鱼类浮头等不正常现象，在这种情况下，一般鱼类摄食能力均会下降，甚至停止摄食，这时应停止投喂或减少投喂，待条件改善后再进行投喂，这样既可以减少饲料浪费，又可避免水质进一步恶化，从而避免泛塘。另外，鱼类停食1天或更长时间，在短期可能影响它们的生长，但从长期来看，并没有较大影响，因为鱼类有一种补偿生长现象，前段时间停止生长，后期可以加速生长。

第六章 人工繁殖技术

一、四大家鱼和鲮鱼的人工繁殖技术

青鱼、草鱼、鲢鱼、鳙鱼是我国特有的大型淡水经济鱼类,俗称四大家鱼,属江湖洄游敞水性产卵繁殖的类群,四大家鱼是我国主要养殖鱼类,鲢鱼、鳙鱼、草鱼的产量分别占我国淡水鱼产量的第一、第二、第三位。除四大家鱼外,鲮鱼也是敞水性产卵的鱼类,其卵均为漂流性卵,它们的繁殖生态要求和繁殖技术相似。

(一)亲鱼选择

用于产卵的鱼称为亲鱼,它是人工繁殖的基础。亲鱼品质优劣,直接关系到所产鱼卵及育出苗种的质量。

1. 种质选择 用于产卵的亲鱼,必须是年龄适宜、体质健壮、无病、无害、性能力旺盛的青壮年群体。更重要的是雌、雄鱼血缘关系要远,以防近亲繁殖。生产上往往可以采用以下方法获得优质亲鱼:一是对鱼类进行提纯复壮,从鱼苗到成鱼养殖的每一个阶段,都要进行严格挑选,选择生长快、体型大、不同批次、不同来源地、抗病力强的个体作为亲鱼。二是异地交换,可以与附近亲鱼来源不同,或生态条件差异较大的渔场定期交换亲鱼,这样可以有效地改善苗种质量。三是引进天然原种,直接到长江、珠江去购买从江中捕捞的天然苗种回来,自己育成亲鱼。近年来,在许多家鱼原产地兴建了一大批原种场,专门培育原种苗种。到原种场定购原种,培育成亲鱼,可提高家鱼的种质,保证商品鱼健康养殖成功。

2. 性成熟年龄和体重　　同种同龄鱼由于生长环境不同,生长速度有明显差异,但性腺发育速度却基本一致,证明性成熟并不只受体重影响,更主要受年龄的制约。掌握这些规律,对挑选适龄、个体硕大、生长良好的亲鱼至关重要。我国幅员辽阔,南北方地区家鱼性成熟年龄相差颇大,南方地区成熟较早,个体较小;北方地区成熟较迟,个体较大。不论南方还是北方,雄鱼都较雌鱼早成熟1年(表 6-1)。

表 6-1　池养家鱼性成熟年龄及体重

种　类	华南(两广)地区		华东(江浙两湖)地区		东北(黑龙江)地区	
	年龄(年)	体重(千克)	年龄(年)	体重(千克)	年龄(年)	体重(千克)
鲢　鱼	2～3	2 左右	3～4	3 左右	5～6	5 左右
鳙　鱼	3～4	5 左右	4～5	7 左右	6～7	10 左右
草　鱼	4～5	4 左右	4～5	5 左右	6～7	6 左右
青　鱼			7	15 左右		
鲮　鱼	3	1 左右				

(二)亲鱼培育

亲鱼是鱼类人工繁殖的物质基础,亲鱼培育的好坏,直接影响其性腺的成熟度、催产率、鱼卵的受精率以及孵化率。只有培育出性腺良好的亲鱼,注射催产剂后才能完成产卵受精的过程。整个亲鱼培育的过程,就是创造一个能够使亲鱼性腺得到良好发育的饲养管理过程。

1. 亲鱼培育池　　亲鱼培育池是亲鱼生活的环境。池塘条件如位置、面积、底质、水质、水深都会直接或间接影响亲鱼的生长发育。亲鱼池要靠近水源,水源水质良好,注排水方便,环境开阔向阳、交通便利、安静,产卵池和孵化场所的位置应靠近。亲鱼池面积以 2 001～3 335 米² 为宜,不宜过大,因为面积大了,水质不易控制,而且同塘亲鱼多,只能分批催产,而在亲鱼性腺成熟期间多次拉网对催产是很不利的。池塘水深以 1.5～2.5 米为宜。池底应平坦,具有良好的保水性。鲢、鳙鱼的池底以壤土并稍带一些淤泥为佳,草鱼、青鱼以沙壤土为好,池底应少含或不含淤泥,鲮鱼亲鱼池以沙壤土稍有淤泥较好。亲鱼池每年清塘 1 次,清塘的工作内容包括清除池底过多的淤泥、加固池埂、割除杂草、清除野杂鱼、杀死敌害生物和细菌并改良水质。

2. 亲鱼放养　主养鲢鱼亲鱼的池塘,每 667 米² 放养100～150 千克;主养鳙鱼亲鱼的池塘,每 667 米² 放养 80～100 千克;主养草鱼亲鱼的池塘,每 667 米² 放养 150～200 千克;主养鲮亲鱼的池塘,每 667 米² 放养 150 千克左右,雌、雄配比为1∶1～1.25。青鱼每667 米² 放养 8～10 尾,总重量在 200 千克以内,雌、雄比例为 1∶1。一般采用主养亲鱼和不同种的后备亲鱼混养方式。主养鲢鱼亲鱼的池塘,每 667 米² 搭养鳙鱼后备亲鱼 2～3 尾。主养鳙亲鱼的池塘不搭养鲢鱼,为了清除鲢、鳙亲鱼池中的水草、螺蛳和野杂鱼,可搭养适量草鱼、青鱼和其他肉食性鱼类。主养草鱼亲鱼的池塘,每 667 米² 搭养后备鲢鱼亲鱼或鳙鱼后备亲鱼 3～4尾,肉食性鱼类(鳜鱼、乌鳢、翘嘴红鲌等)2～3 尾,螺蛳多可搭养2～3 尾青鱼。主养青鱼的亲鱼池,每 667 米² 搭养鲢鱼亲鱼 4～6尾或鳙鱼亲鱼 1～2 尾,不能搭养其他规格的小青鱼、鲤鱼、鲫鱼或其他肉食性和杂食性鱼类。主养鲮鱼亲鱼的池塘,每 667 米² 放养 1 千克/尾左右的鲮亲鱼 120～150 尾,另可搭养少量鳙鱼亲鱼或鳙鱼、草鱼的食用鱼。鲮鱼的亲鱼培育池不可搭养鲢鱼,因为两者食性相同,搭养鲢鱼在一定程度上会影响鲮鱼的生长发育。

3. 饲养管理　亲鱼饲养的中心环节是投喂、施肥、调节水质和防病。根据不同季节亲鱼性腺发育特点和生理变化,可将亲鱼的培育划分为产后恢复期、秋冬培育期和春季培育期 3 个阶段。

产后恢复期是从亲鱼产卵后至高温季节前，一般是从 5 月底至 7 月上旬（40 天左右），产卵后的亲鱼体质虚弱，身体上常带有伤，容易感染疾病，引起死亡。因此，要给鱼体涂搽或注射抗菌药物，还要加强营养，池水肥度要适中，溶氧量要高，饲料要新鲜适口，经常冲水。暂养一段时间后，待亲鱼体质恢复，再分塘归类，调整放养比例。

秋冬培育期从 7 月中旬至翌年 2 月份，这段时间较长，约 7 个月，是肥育和性腺发育的关键时期，因此饲料要充足，水质要肥。从 10 月份至翌年 2 月份，是保膘时期，此时要适当施肥，培肥水质，加深池塘水位越冬。冬季在天气晴好时，适当投喂精饲料以保膘。

春季培育期从立春后至 5 月上旬，这是亲鱼性腺发育成熟的阶段，若管理好亲鱼就有较高的繁殖力，否则，性腺发育便会停滞，甚至退化吸收。在这个阶段亲鱼所需的营养在数量和质量上都要超过其他时期，因此加强水、肥、饵管理，进行强化培育，能促进生殖腺发育，大大提高受精率、孵化率和成活率。当亲鱼繁殖结束后，应立即给予充足和较好的营养，使其体力迅速恢复。

（1）鲢鱼、鳙鱼亲鱼的饲养管理　鲢鱼、鳙鱼是肥水鱼，整个鲢、鳙亲鱼培育过程就是保持和掌握水质的过程。放养前施用基肥，放养后根据季节和池塘具体情况施用追肥，其原则是少施、勤施、看水施肥，基肥一般使用有机肥，追肥可以使用有机肥或无机肥，鲢鱼池适宜施用绿肥混合人粪尿，鳙鱼池则以畜、禽粪便为佳，在冬季和产前适当补充精饲料。

①产后恢复期的饲养管理　产后亲鱼对缺氧的适应力很差，容易发生泛池死亡事故。要注意观察天气和池水的变化，看水施肥，多加新水，采用大水、小肥的培育形式。

②秋冬培育期的饲养管理　入冬加强施肥，培肥水质，入冬后再少量补肥，保持较浓的水色，可适当投喂精饲料，采用大水、大肥

的培育形式。

③春季培育期的饲养管理 开春后降低池水深度,保持水深1米左右,以利于提高池水水温,培肥水质,适当增加施肥量,并辅以精饲料,采用小水、大肥的培育形式。

④产前培育期的饲养管理 随着亲鱼性腺的发育,对溶解氧要求提高,一旦溶氧量下降,会发生泛池事故。因此,在催产前15~20天,停止施肥,并要经常冲水,即采用大水、小肥到大水、不肥的培育形式。

(2)草鱼亲鱼的饲养管理 草鱼喜清瘦水质,培育期很少施肥,水色浓时要及时注入新水,或更换部分池水,防止亲鱼患病或浮头。在饲料投喂上应采用以青绿饲料为主、精饲料为辅的方法。青绿饲料中包含各种维生素和矿物质,是草鱼生殖细胞在成熟阶段所必需的,所以投喂青绿饲料,尤其是在春季培育时对草鱼亲鱼显得特别重要。青绿饲料的种类主要有麦苗、黑麦草、各类蔬菜、水草和旱草。精饲料的种类主要有大麦、小麦、麦芽、饼粕等。

①产后恢复期的饲养管理 每天投喂2次,采用青绿饲料与精饲料相结合的投喂方式,上午投喂青绿饲料,下午投喂精饲料。青绿饲料用量以当天吃完为度,精饲料用量每尾亲鱼100克。

②秋冬培育期的饲养管理 此时段全部投喂精饲料,每天每尾亲鱼25克左右,每2~3天投喂1次。

③春季培育期的饲养管理 清明后将培育池池水换去一半,加注新水,保持水深1.5米左右。每天投喂豆饼、麦芽,每天每尾鱼用量50~100克,同时要尽量使用黑麦草和其他陆草投喂,以防亲鱼摄食精饲料过多,脂肪积累过多,影响怀卵量。在临近产卵时要根据亲鱼的摄食情况,减少投喂量或停止投喂。在整个培育过程要经常冲水,冲水水量和频率要根据池水水质、鱼类摄食情况、季节等灵活掌握。催产前几天要天天冲水,保持池水清新是促进草鱼性腺发育成熟的主要技术措施之一。

（3）青鱼亲鱼的饲养管理　青鱼亲鱼饲养管理的中心也是投喂和调节水质。以投喂活螺蛳和蚌肉为主，辅以少量饼粕、大麦芽等，全年投喂活螺蛳和蚌肉至少应为亲鱼总体重的 10 倍。水质管理方法与草鱼相同。

（4）鲮鱼亲鱼的饲养管理　与鲢鱼、鳙鱼亲鱼饲养管理方法相似，以施肥为主，投喂精饲料为辅。施肥尽量少施、勤施，其管理方法与鲢、鳙亲鱼培育相似。

（三）产卵池的准备

产卵池设备包括产卵池、进出水设备、收卵网和网箱等。产卵池与孵化场所建在一起，且在亲鱼培育池附近，面积一般为 60～100 米²，可放亲鱼 4～10 组（60～100 千克），有良好的水源，排灌方便。形状为椭圆形或圆形，圆形产卵池收卵快，效果好，一般养殖场都采用圆形产卵池。

圆形产卵池采用单砖砌成，直径 8～10 米。池底由四周向中心倾斜，中心比四周低 10～15 厘米，池底中心设出卵口 1 个，上盖拦鱼栅，出卵口由暗管（直径 25 厘米左右）与集卵池相连，集卵池池底比出卵口低 20 厘米。出卵管伸出池壁 10～15 厘米，上可绑扎集卵网。集卵池末端设 3～5 级阶梯，每一个阶梯设排水洞 1 个，以卧管式排水，分级控制水位。产卵池设进水管 1 个，直径10～15 厘米，与产卵池池壁切线成 40°角左右。产卵池进水时，沿池壁注水，可使池水流转（图 6-1）。

（四）催产季节

春末至夏初是家鱼催产的最适宜季节，催产水温为 18℃～30℃，而以 22℃～28℃为最佳，这时催产率和出苗率最高。我国各地气候各异，水温回升时间不同，催情产卵时间亦不同。在华南地区适宜催产时间为 4 月上中旬至 5 月中旬，长江中下游地区推

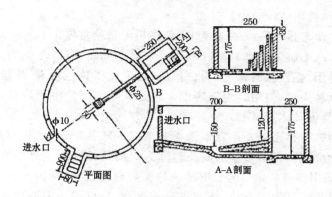

图 6-1　圆形产卵池　（单位：厘米）

迟 1 个月，华北地区在 5 月底至 6 月底，东北地区在 7 月上旬。鲮鱼的催产时间相对比较集中，是每年的 5 月上旬，过了这段时期卵巢逐渐趋向退化，催产效果不好。

催产顺序一般是先进行草鱼和鲢鱼的催产，然后再进行鳙鱼和青鱼的催产。为了正确判断催产时间，通常在大批生产前 1～1.5 个月，对典型的亲鱼培育池进行拉网，检查亲鱼性腺，根据亲鱼性腺发育情况正确判断催产时间和亲鱼催产的前后顺序。

（五）人工催产

四大家鱼和鲮鱼亲鱼经过精心培育后，性腺能发育到Ⅳ期末，在池塘养殖条件下亲鱼不能自然产卵，必须经过人工催产。催产过程包括注射催产剂和人工水流刺激，促使亲鱼性腺发育成熟并产卵、排精，完成整个生殖过程。

1. 催产剂　目前我国广泛使用的催产剂主要有 3 种，即鱼类脑垂体（简称垂体或 PG）、绒毛膜促性腺激素（简称绒膜激素或 hCG）、促黄体生成素释放激素类似物（简称类似物或 LRH-A）。此外，还有一些提高催产效果的辅助剂，如多巴胺排除剂（RES）、多巴胺拮抗物(Dom)等。

(1)脑垂体(PG)　一般为自制,多用鲤鱼脑垂体。

(2)绒毛膜促性腺激素(hCG)　为市售成品,商品名称为"鱼用(或兽用)促性腺激素"。为白色、灰白色或淡黄色粉末,易溶于水,遇热易失活,使用时现用现配。它是从孕妇尿液中提取的,主要成分是促黄体素(LH)。

(3)促黄体生成素释放激素类似物(LRH-A)　为市售成品,是人工合成的,目前市售的商品名称为鱼用促排卵素 2 号(LRH-A2)和鱼用促排卵素 3 号(LRH-A3)。为白色粉末,易溶于水,具有副作用小、可人工合成、药源丰富等优点,现已成为主要的催产剂。

2. 催产期和催产方法　催产期是指亲鱼从性腺成熟到开始退化之前的期限,一般只有 15～20 天,时间很短而且和水温有密切关系。在家鱼的催产期内,要时刻关注亲鱼的成熟度和水温升降情况,抓紧时机进行配组催产。从品种上看,水温上升至 18℃以上后,鲤鱼、鲫鱼开始繁殖,而后水温上升至 22℃以上,先是鲢鱼,再是草鱼,后是鳙鱼相继开始繁殖。要掌握好催产剂的用量和注射方式,生产上常用一次或二次注射的方法。这两种方法都行之有效,但二次注射法的效应时间要稳定些,催产率和受精率也比一次注射法高,对青鱼一定要使用二次注射法(表 6-2)。

3. 效应时间　从最后一次注射催产剂到排卵或产卵所需时间称为效应时间。效应时间与亲鱼性腺成熟度、水温以及催产剂种类、质量、用量、注射次数有关,同时也与亲鱼种类和年龄等因素有关。效应时间与水温呈负相关,水温高,效应时间短;水温低,效应时间长。一般情况下温度每升高 1℃,效应时间相对缩短 1～2小时。当水温在 24℃～26℃时,一次注射的效应时间一般为 9～12 小时(如只用 LRH-A,效应时间需延长至 20 小时左右),若二次注射(间隔 6～12 小时),假如超过催产适温范围,效应时间会有变化,将对亲鱼产卵和孵化不利。性腺成熟度好,产卵生态条件适宜,效应时间短;性腺成熟度差,产卵生态条件不适宜(如水中缺氧、水质污染等),往往延长效应时间,甚至导致催产失败。鱼是变温动物,亲鱼发情产卵的效应时间受多种因素影响,其中主要因素是水温。因此,在生产上往往根据当时的水温情况来预测催产后的产卵时间。

表 6-2　家鱼人工繁殖的主要催产指标

亲鱼	适合催产年龄	适合催产体重(千克)	适合催产季节	一次注射法		二次注射法			
				雌亲鱼	雄亲鱼	第一针		第二针	
						雌亲鱼	雄亲鱼	雌亲鱼	雄亲鱼
青鱼	7龄以上	10~20	5月下旬至6月下旬	①PG 5~8毫克/千克体重 ②LRH-A 500微克/千克体重 ③LRH-A 80~100微克/千克体重+PG(或hCG)4~6毫克/千克体重	雌鱼剂量的1/2	总注射剂量的1/10	总注射剂量的1/14	剩余量	总注射剂量的1/2
草鱼	4龄以上(或5龄以上)	6以上	5月上旬至5月下旬	①PG3~5毫克/千克体重 ②早期PG 4毫克/千克体重+hCG 4毫克/千克体重;中期PG 2~3毫克/千克体重+hCG 3毫克/千克体重;晚期PG 2毫克/千克体重+hCG 2毫克/千克体重 ③LRH-A 5~20微克/千克体重	雌鱼剂量的1/2	总注射剂量的1/10	不注射	剩余量	总注射剂量的1/2

续表 6-2

亲鱼	适合催产年龄	适合催产体重（千克）	适合催产季节	一次注射法 雌亲鱼	一次注射法 雄亲鱼	二次注射法 第一针 雌亲鱼	二次注射法 第一针 雄亲鱼	二次注射法 第二针 雌亲鱼	二次注射法 第二针 雄亲鱼
鲢鱼	4龄以上	4以上	5月上旬至6月上旬	①PG3～5毫克/千克体重 ②hCG 800～1200单位/千克体重（1毫克/千克体重）③早期 PG 2～3毫克/千克体重＋hCG 4毫克/千克体重；中期 PG 1～2毫克/千克体重＋hCG 3毫克/千克体重；后期 PG 1毫克/千克体重＋hCG 3毫克/千克体重（或仅用 hCG 3毫克/千克体重）	雄鱼剂量的1/2	总注射剂量的1/10	不注射	剩余量	总注射剂量的1/2
鳙鱼	5龄以上（或4龄以上）	7以上	5月中旬至6月上旬	早期 PG4毫克/千克体重＋hCG 4毫克/千克体重；中期 PG 2～3毫克/千克体重＋hCG3毫克/千克体重；晚期 PG2毫克/千克体重＋hCG3毫克/千克体重	雄鱼剂量的1/2	总注射剂量的1/10	不注射	剩余量	总注射剂量的1/2
鲮鱼	3龄以上	1以上	4月中旬至5月上旬	①PG3～4毫克/千克体重 ②LRH-A400～1500微克/千克体重	雄鱼剂量的1/2	—	—	—	—

4. 自然产卵受精　亲鱼注射催产剂后放入产卵池,经一定时间,出现雄、雌亲鱼追逐发情、产卵、排精,亲鱼发情后,开始产卵,每隔几分钟或几十分钟产卵 1 次,经过 2～3 次产卵后完成产卵过程,这种亲鱼自行产卵、排精、完成受精的过程,生产上称为自然产卵受精。整个产卵过程时间的长短,随鱼的种类、催产剂的种类和生态条件等而有差异。让亲鱼在产卵池中完成自然产卵受精过程,要注意管理,观察亲鱼动态,保持环境安静,每 2 小时冲水 1次,以防缺氧浮头,在预计效应时间前 2 小时左右,开始连续冲水,亲鱼发情约 30 分钟后,要不时检查收卵箱,待鱼卵大量出现后,要及时捞卵,移送至孵化器中孵化。

5. 人工授精　就是通过人为措施使精子和卵子混合在一起完成受精过程。在进行杂交育种时或在雄鱼少、鱼体受伤较重及产卵时间已过而未产卵的情况下,可采用此方法。人工授精的核心是要保证卵子和精子的质量,要准确掌握效应时间,不能过早拉网挤卵,否则不仅挤不出卵,还会因为惊扰而造成亲鱼泄产,而时间过迟,错过了生理成熟期,鱼卵受精率低,甚至根本不能受精。鱼卵受精时间很短,质量好的受精卵在鱼体内只能维持 2 小时左右,如不及时产出就会成为过熟卵。因此,在人工授精时要根据鱼的种类、水温等条件,准确掌握采卵、授精时间,这是人工授精成败的关键。

人工授精分为干法人工授精、半干法人工授精和湿法人工授精。

(1)干法人工授精　将发情至高潮或到了预期发情产卵时间的亲鱼捕起,一人将亲鱼用布包裹抱出水面,头向上尾向下,另一人擦干鱼体水分用手压住生殖孔,将卵挤入擦干的脸盆中。每一脸盆约可放卵 50 万粒,用同样的方法立即向脸盆内挤入雄鱼精液,用手或羽毛轻轻搅拌 1～2 分钟,使精、卵充分混合。然后徐徐加入清水,再轻轻搅拌 1～2 分钟,静置 1 分钟左右,倒去污水,重复用清水洗卵 2~3 次,即可移入孵化器中孵化。

(2)半干法人工授精 将精液挤出,用 0.3%~0.5%生理盐水稀释。然后倒在卵上,按干法人工授精方法操作。

(3)湿法人工授精 将精、卵挤在盛有清水的盆中,然后再按干法人工授精方法进行。

自然产卵受精和人工授精各有优缺点,在生产中应根据生产设备、生产习惯、水温等具体情况,因地制宜选用(表 6-3)。

表 6-3　自然产卵受精和人工授精的比较

项　目	自然产卵受精	人工授精
优　点	适应卵子成熟过程,受精率高;对多尾亲鱼产卵时间不一致无影响;亲鱼受伤较少	设备简单,受条件限制较小;受精卵不混有敌害和杂物;便于进行杂交;在亲鱼少的情况下,可保证卵子受精率
缺　点	设备较多,受条件限制也较大;受精卵混有敌害和杂物;很难进行杂交;在雄鱼少时,卵子受精无保证	较难掌握适当的采卵时间,往往会因卵子过熟而导致受精较差;多尾亲鱼在一起,由于排卵时间不一致,捕鱼采卵时常会影响其他亲鱼发情排卵;亲鱼受伤机会较多

6. 产后亲鱼的处理 产卵后的亲鱼要放入水质清新的池塘里,让其充分休息,精养细喂,使它们迅速恢复体质。在催情产卵过程中,亲鱼经常在运输、拉网、发情过程中跳跃撞伤、擦伤,为防止亲鱼伤口感染,可对产后亲鱼加强伤口涂药和注射抗菌药物。轻度外伤可选用高锰酸钾溶液、磺胺药膏、抗生素药膏;受伤严重的除涂搽药物外,还要注射消炎类药物,进行人工授精的亲鱼一般受伤较为严重,务必在伤口上涂药和注射抗生素,以减少死亡。

7. 亲鱼选择和配组 成熟的雌亲鱼腹部膨大、柔软,略有弹性且生殖孔红润,如性腺发育良好的鲢、鳙亲鱼,仰翻其腹部,能隐见肋骨,抬高尾部,隐约可见卵巢轮廓向前移动;草鱼亲鱼腹部较松软,腹部向上可见体侧向卵巢块下垂的轮廓,腹部中间呈凹瘪状;青鱼和鲮鱼的雌亲鱼只要腹部膨大或略膨大而柔软即可选用。性腺发育好的雄亲鱼,用手轻挤生殖孔两侧,有精液流出,入水即散。同批产卵的亲鱼,个体重量应大致相同,采用催产后自然产卵受精方式的雌、雄鱼搭配比例不应低于 1∶1;如采用人工授精形式,1 尾雄鱼的精液可供 2～3 尾同样大小的雌鱼受精。

(六)人工孵化

人工孵化指将受精卵放入孵化设备内(孵化环道、卵化缸或者其他设备),在人为的条件下经胚胎发育至孵出鱼苗的全过程。家鱼的胚胎期很短,但胚后期很长,在孵化的适温条件下,20～25 个小时就会出膜(出苗),刚出膜的鱼苗,机体发育不全,无鳔,不能主动摄食,依靠自身体内的卵黄生活,只能在流水中做子了运动,到鳔充气、卵黄囊消失,能主动摄食独立生活还要 3～3.5 天时间,这段时间都需要在孵化设备中度过。

1. 孵化条件

(1)水温　家鱼孵化水温范围为 18℃～31℃,最适水温范围为 25℃～27℃。在正常水温范围内,水温高,胚胎发育快,孵化时间短;水温低,胚胎发育慢,孵化时间长。水温低于 18℃或高于 31℃,都会引起胚胎发育停滞或发育不健全,畸形怪胎较多,孵化率很低。

(2)水流和溶解氧　家鱼属敞水性产卵类型,产半浮性卵,无黏性,受精卵孵化需要一定的溶解氧和流水,卵子遇水以后膨胀变大,在静水中沉下,只有在流水中才能漂浮。因此,在孵化时要以一定的水流冲卵,使其在孵化时,在水中不停地翻动,不会下沉,直到孵化出鱼苗。若在孵化时,没有水流冲击鱼卵,鱼卵将会堆积在水底,最终窒息而死。水流可使卵漂浮,更为重要的是为卵的发育提供充足的溶解氧,并溶解和带走鱼卵在孵化过程中排出的二氧化碳和其他废物。水流应控制适当,否则卵膜会经不住急流和硬物摩擦而破碎,水流速度一般控制在20~25厘米/秒,水中的溶氧量不能低于4~5毫克/升。

(3)水质 孵化用水一定要经过过滤,防止敌害生物和其他污物进入孵化流水中,水的 pH 值应在 7.5 左右。为保证没有敌害,可在孵化器中泼洒 90%晶体敌百虫溶液,使水中浓度达到 0.1克/升。

2. 孵化工具 人工孵化工具总的要求是结构合理,内壁光滑,不会积卵,滤水部分尽量宽裕,透水性好,操作方便。根据不同的生产规模,选用大型的孵化环道和小型的孵化桶、孵化槽等。鱼卵放入孵化设施前应清除混在其中的杂物,然后计数放入,放卵密度一般为每毫升水放卵 1~2 粒,水温高或受精率低的鱼卵可适当降低放卵密度。鱼卵放在孵化设备中经 4~5 天的孵化,待鱼苗鱼鳔充气(见腰点)、卵黄囊基本消失、能开口摄食、行动自如后,即可出苗下塘。

3. 计算受精率和出苗率

(1)受精率 鱼卵孵化 6~8 小时后,可随机捞取鱼卵百余粒,放在白瓷盘中用肉眼观察,将混浊发白的卵(死卵)分出计算,然后计算已受精的卵数,其占总卵数的百分比即为受精率。

(2)出苗率 就是指可以下塘的鱼苗数占受精卵的百分比。鱼苗孵出后,待卵黄囊消失,能主动摄食后,才可下塘,一般为鱼苗孵出后的 4~5 天。

二、鲤鱼的人工繁殖技术

鲤鱼为草上产卵性的鱼类,产黏性卵。鲤鱼性成熟要求的条件较低,在池塘静水中可以发育成熟,并可以自然产卵,卵粒黏性强。

(一)亲鱼的选择与放养

亲鲤来源以池塘饲养的为好,雌鱼选择 3 龄以上,体重 1.5～5 千克;雄鱼 2～3 龄,体重 1.5～2.5 千克。杂交鲤不能用作亲鱼,若池塘养的亲鱼不足,可以在江、河、水库捕捞选留,但在繁殖季节以前要在池塘中放养一段时间,使其适应池塘环境,亲鱼池面积以 667～1 334 米² 为宜,水深 1.5～2 米。每 667 米² 放养 150千克左右,可配养少量鲢、鳙鱼,但不能混养食性相近的鱼类。在产卵前 1 个月,当水温在 10℃ 以下时,就要把雌、雄鱼分开饲养,否则当水温超过 10℃ 后,亲鱼可能在池塘中自然流产。

(二)产卵池的准备

一般用 667～1 334 米² 的苗种池或草、鲢、鳙鱼的产卵池,水深 1 米左右,产卵前要彻底清塘消毒,每 667 米² 放养亲鱼 40～60组。

(三)孵化池的准备

一般用苗种池兼作孵化池,鱼苗孵出后,可以在原池进行培育,这样可以减少出苗、搬运的麻烦,但不容易掌握苗种数目。有条件的地方可利用孵化环道、孵化缸、孵化桶进行流水孵化。流水孵化的优点是水中溶解氧高,没有敌害,受气候影响小,出苗率高,还可以计数。

(四)鱼巢的准备、布置与取出

鱼巢是亲鱼产卵时的附着物。生产上常用杨柳树的根须和棕榈树皮等。杨柳树的根须和棕榈皮需用水煮过晒干,除去单宁酸等有害物质。鱼巢要扎成束,棕榈皮剪去硬质部分,3～5 片为 1把,吊系在竹竿上。系巢的形式可单把插在池边,也可以平列式或环式布巢,布巢面要大,让亲鱼能在巢间游动自如,连续产卵。

鲤鱼通常在黎明前后产卵,延续到上午 8～9 时停止,所以最好在产卵前一天傍晚布巢,鱼巢要全部浸在水下,但巢的下部不能触泥,以免污染。每尾雌鱼要放 4～5 束鱼巢。取巢也十分重要,如发现巢上附卵已经很多,要及时取出、更换,产卵高峰过后要将鱼巢及时取出,以免卵被亲鱼吞食。

(五)配组产卵

鲤鱼的人工繁殖从技术上看,往往产卵容易,而孵化较难。其主要原因是鱼巢上的鱼卵孵化时间长,而早春天气乍寒乍暖变化很大,受精卵易患水霉病,造成大批死亡。为此,在产卵前,雌、雄鱼必须分开饲养,以免混在一起,温度突然升高,亲鱼自然产卵,造成损失。在生产上要等到气温相对稳定,才能进行鲤鱼的人工繁殖。在长江流域从 4 月上旬就要开始关注天气预报,根据天气变化趋势,选择连续几个晴天的日子进行配组。雌、雄鱼搭配比例一般为 1:3,也有 1:2 或 1:1 的,这要根据鱼体大小灵活掌握。雌、雄亲鱼配组放入产卵池后,要注入新水,并放入人工鱼巢。如配组后数天不产卵,可采取以下措施:一是晒背和冲水,将池水排出一部分,使鲤鱼背露出水面,日晒半天,俗称晒背,待傍晚再注入新水,达到原来水位,这样连续 1～2 天,一般就可促使亲鱼产卵。若亲鱼还不产卵,就应对亲鱼进行检查,如果是性腺没有成熟,就把亲鱼放回池塘继续培育;若已成熟,可以采用人工催产促使产卵,催产方法与家鱼相同,用一次注射法即可达到催产目的,雌、雄鱼同批注射,雌鱼每千克体重注射脑垂体 4～6 毫克,或绒毛膜促性腺激素 800～1 000 单位,或促黄体生成素释放激素类似物 20 毫克,雄鱼的注射剂量为雌鱼的一半。

(六)孵　化

受精卵在水温为 15℃～30℃时都能孵化。当温度保持在 20℃～22℃且不出现大的水温变化时,可得到较高的孵化率。鲤鱼胚胎发育的时间较长,当水温为 20℃时约需 91 小时,25℃时约需 49 小时,30℃时约需 43 小时。水温低于 15℃和高于 30℃对胚胎发育不利,会出现较多畸形怪胎,死亡率较高。因此,在进行催产孵化前必须了解最近几天的天气情况,保证孵化期间水温在 18℃以上,而且不会出现大的变化。孵化的方法有池塘孵化、流水孵化和脱黏孵化。

1. 池塘孵化　孵化池在放鱼巢前 10～15 天要彻底清塘、消毒。注水时必须过滤,严禁敌害生物进入池塘。鱼巢放入前应用 3‰～4‰食盐水浸泡 10～15 分钟,鱼巢固定排列在水位较深、向阳的池角,鱼巢位于水下 10～15 厘米,间距 1 米为宜。每 667 米^{2}可放卵 20 万～35 万粒。遇刮风下雨或气温骤降时应将鱼巢沉入池底。鱼苗孵出后,要等到具有游泳能力,能主动摄食后才能取出鱼巢。每天早晚巡塘,发现蛙卵要及时清除,若池中大型浮游动物多,要用 90%晶体敌百虫溶液 0.2～0.5 毫克/升,全池泼洒。

2. 流水孵化　流水孵化有附巢流水孵化和脱黏卵流水孵化 2 种。附巢流水孵化是将附卵鱼巢放入孵化环道(槽)利用流水孵化。脱黏卵流水孵化是将脱黏卵放入家鱼的孵化设备中进行人工流水孵化,每立方水体可放脱黏卵 80 万～100 万粒,水流速以卵轻微翻动不下沉为宜,其他管理同家鱼孵化。

3. 脱黏孵化　鲤鱼卵为黏性卵,孵化时间长,孵化过程中易受到水霉菌的感染。大批量生产时常用人工授精和脱黏孵化工艺,亲鱼经人工催情后,放入网箱,待发情后进行人工授精,受精卵相遇时能够黏在一起,因此要采用干法或半干法人工授精,将人工授精后的受精卵经脱黏处理后放入家鱼孵化设备中进行流水孵化,一般孵化率可高达80%。脱黏方法有泥浆脱黏法和滑石粉脱黏法2种。

(1)泥浆脱黏法　黄泥土加水搅拌成浓度为20%～25%的泥浆水,经40～60目网布过滤后,放入盆内,一人用手不停翻动泥浆水,另一人将受精卵徐徐滴入泥浆水中,全部滴完后,继续翻动泥浆水2～3分钟后倒入网箱过滤,洗去泥浆,即可放入孵化器中流水孵化。

(2)滑石粉脱黏法　取100克滑石粉、20～25克食盐和10升清水,混合搅拌成悬浮液。脱黏方法与泥浆脱黏法相同,每10升滑石粉悬浮液可脱黏受精卵1～1.5千克。

三、银鲫的人工繁殖技术

银鲫是鲫鱼种类中具有雌核发育生殖功能的特殊群体,生长快、个体大,被广泛应用于养殖生产。银鲫人工繁殖的设施、催产、孵化的方法及过程与鲤鱼相仿。

(一)亲鱼选择

可以由池塘培育或在天然水域收集,亲鱼要求体质健壮、无伤病,具有典型特征的成熟个体。雌鱼的体形应以头小、体高、背厚者为好,因为体高大的银鲫比体较低的生长快得多,有的甚至可快达50%左右。雄鱼要求体高、背厚、外观强壮、体色鲜艳。雌鱼个体体重0.5千克以上,雄鱼个体体重1.5千克以上。在繁殖季节雌、雄个体很容易区分,雄性会出现追星,轻挤腹部会有白色的精液从生殖孔流出,雌性个体则腹部明显膨大。在非繁殖季节,有时腹部膨大的个体不一定都是雌性个体,有些雄性个体腹部也很膨大,比较可靠的是以胸鳍差异来区别,雄性个体胸鳍较为尖长,其末端可达腹鳍起点;雌性个体胸鳍呈扇形且较短,不及腹鳍起点。

(二)亲鱼培育

亲鱼培育的好坏与否,直接影响到亲鱼的怀卵量、成熟系数、产卵率和出苗率。发育良好的亲鱼,在繁殖季节雌性亲鱼卵巢轮廓明显,腹部扁平柔软,肛门红肿充血,轻压下腹部常能挤出卵粒,鱼体光滑,黏液较多。雄性亲鱼在头部和胸部多有追星出现,体表皮肤粗糙,腹部无轮廓,挤压下腹部有乳白色精液流出。

1. 培育池的准备　面积为 1 000～2 000 米²,水深 1.5～2 米,池底平坦,淤泥少,排灌方便,不渗漏。培育池在放养亲本前需彻底清塘,进水时严格过滤,严防各种野杂鱼混入,并除掉塘边杂草,防止亲鱼自行产卵。

2. 放养密度　雌鱼每 667 米² 放养 120～200 千克,雄鱼每 667 米² 放养 150～240 千克。由于银鲫易受外界刺激(如混有雄鲫鱼或野杂鱼)而早产、流产,造成损失,因而雌鱼和雄鱼要分塘培育,以单养为佳,做到专门投喂和管理。分塘时间可以选择在秋冬季进行,也可以在亲鱼越冬后进行。同时,可以搭养部分大规格花、白鲢鱼种,以调节池塘的水质。

3. 秋冬季培育　亲鱼从秋季开始强化培育,以促进其性腺发育。投喂的饲料以豆饼、小麦、颗粒饲料为好,颗粒饲料粒径大小以适口为度,豆饼、小麦浸泡后投喂效果更佳。日投喂量为鱼体总重量的 3%～5%。入冬后,投喂量要减少,日投喂量为鱼体总重量的 1%～2%,天气晴朗时可稍增加。

4. 春季培育　开春后,日投喂量按鱼体总重量的 3%～5%,随着水温的升高而增加,并适当加注新水,以促进其性腺发育成熟。在临近繁殖期前 15 天停止注水,否则易诱发流产。

5. 产后培育　产后亲鱼体质虚弱,需精心护理。要求水质清新,饲料质好、量足、易消化,环境安静。

(三)催 产

银鲫产卵池面积为 400～667 米²,催产前 7～10 天清塘、消毒、杀死野杂鱼、清除水草等杂物,然后注水 70 厘米左右备用。注水时要用密筛绢过滤,严防野杂鱼进入产卵池。繁殖形式有 2 种,一种是自然产卵,将水浮莲、棕榈皮或柳树根用 20 毫克/升高锰酸钾溶液浸泡消毒 1～2 小时,制成鱼巢置于塘中。雌、雄鱼按 1:3 比例放入亲鱼池。在自然条件下,水温达到 17℃以上,亲鱼发情并自行产卵繁殖,将附着受精卵的鱼巢取出另池孵化鱼苗。此方法简单易行,适合小批量生产。其主要缺点是产卵周期长,出苗时间不一致,大小不一,难于计数,不便于下一阶段的饲养管理。另一种方法是人工注射催产剂催产,注射部位通常为胸鳍基部无鳞处。雌、雄亲鱼按 2～3:1 的比例配组,当水温达到 17℃以上,每千克雌鱼一次性注射绒毛膜促性腺激素 2000～3000 单位,促黄体生成素释放激素类似物 40～60 微克,或按药物使用说明注射,雄鱼注射剂量减半。注射时间以 15～17 时为好.效应时间为 9～16 小时(水温 18℃～20℃),整个产卵时间持续 6～20 小时。发情追逐常在水面以下,水浪和击水声较小。这种方法产卵周期短,鱼苗规格一致,可大批量生产。

(四)受 精

1. 人工授精 将注射后的雌、雄亲鱼按 8～10:1 的比例分开暂养于网箱中,并进行微流水刺激。水温在 18℃～28℃时,催产的效应时间一般为 12～17 小时。临近效应时间亲鱼在网箱内急游跳动,表现异常兴奋,这时应检查亲鱼。若一提起卵就流出或稍压即流出,应马上进行人工授精。人工授精方法有 2 种,一种是干法授精,操作时将成熟亲鱼捕起,用干毛巾抹去鱼体和操作者手上的水分,将雌鱼卵子挤入擦干的器皿(搪瓷盘、小脸盆)中,同时挤入雄鱼的精液(每 2 万～5 万粒鱼卵滴入 2～3 滴精液),用干羽毛轻轻搅拌 2～3 分钟,然后将受精卵慢慢倒入黄泥水中(取粉质黏黄泥加 5 升清水搅成稀泥浆状,过滤即成)。当卵粒全部倒入后,不停地向一个方向搅拌,保证受精卵在泥浆中不堆积成团、结块即可。搅拌 10 分钟左右,鱼卵的黏性完全脱掉,倒入密网或筛绢(孔径 0.5 毫米左右)滤出受精卵,在水中漂洗 1～2 次,再放入家鱼孵化环道或孵化桶中进行流水孵化。另一种是湿法授精,将生理盐水放入盆中,再挤入少量精液搅匀,随即挤卵于盆中,边挤卵边搅拌,并再补充精液,3 分钟后进行脱黏,流水孵化。

2. 自然产卵受精　将注射后的雌、雄亲鱼按 2∶1 的比例放入产卵池,并冲水刺激 1～2 小时。产卵池大小依亲本数量而定,最大不宜超过 3 335 米²,亲本投放密度为 200～300 千克/667 米²。亲鱼在设置的鱼巢上自行产卵受精,受精卵黏附在鱼巢上。当看到鱼巢上的卵已产得比较密集时,就要把鱼巢取出移入鱼苗培育池中孵化或进行室内淋水孵化,同时再放入亲鱼巢。当亲鱼产卵结束后应及时把鱼巢移走。鱼巢不要在空气中暴露得过久,以免鱼卵干坏。产卵池和孵化池水温应基本一致。

(五)孵 化

1. 流水孵化　脱黏后的受精卵应尽快送到孵化环道或孵化桶中孵化。流水孵化放卵密度每立方米 80 万～100 万粒,水的流速不宜过大,以卵粒能翻上水面又分散下沉即可,水温在 20℃～25℃,3～4 天鳔室充气,即可下塘培育或出售运输。

2. 池塘静水孵化　孵化池即鱼苗培育池,在亲鱼产卵前第五至第八天清塘除野,注水时严格过滤,水深以 0.8～1 米为宜。每 667 米² 放卵 40 万～50 万粒。为防止发生水霉病,带卵的鱼巢可用 20 毫克/升高锰酸钾溶液浸泡 30 分钟以上,然后置于孵化池中孵化。鱼巢设在背风向阳的水下 5 厘米处。刚出膜的鱼苗鳔没充气,鱼苗附着在鱼巢上,不能水平游动,此时不要急于取出鱼巢,待鱼苗出膜后 5~7 天方可取出。鱼苗孵化 3~4 天后投喂饲料开始培育。

3. 室内淋水孵化 将附卵鱼巢移入室内平铺或悬挂(鱼巢间隔 20~30 厘米)在架上,每隔 0.5~1 小时普遍淋水 1 次,保持鱼巢湿润,淋水的水温应与室内气温基本一致。注意室内温度稳定,空气潮湿,防止鱼卵表面干燥。到幼鱼在卵膜内不断扭动时,将鱼巢细心转入鱼苗培育池中继续孵化,室内气温与鱼苗培育池中水温应基本一致。

四、团头鲂的人工繁殖技术

团头鲂和鲤、鲫鱼一样都是草上产黏性卵的鱼类,但团头鲂对性成熟的要求比鲤、鲫鱼高,在池塘静水中尽管可以培育良好,也只能发育到生长成熟,无法达到生理成熟,必须进行人工催情,才能完成生殖过程。

团头鲂的人工繁殖主要包括亲鱼培育、药物催产和人工孵化等几个阶段。

(一)亲鱼培育

1. 亲鱼的来源 可以在湖泊、水库或池塘中捕捞成鱼时选留,亲鱼要求体质健壮、体形优良、背高肉厚、无畸形、鳃盖骨无凹陷、无疾病、鳞和鳍完整、无伤残的个体,3 龄以上,雄鱼个体重 0.5 千克以上,雌鱼个体重 1.5 千克以上。也可在池塘中用鱼种培育经选择后留养。选留的亲鱼要注意雌、雄比例,要求雄鱼数量略多于雌鱼,一般雌、雄比例在 1∶1.5~2.5,雌、雄鱼主要从胸鳍形状、追星的多少和腹部大小来鉴别。

2. 亲鱼培育方法 当年春季收集的亲鱼,一般通过短期培育就能成熟,培育池面积一般为 667 米^2 左右,也可以大一些,水深 1.5～2.5 米,不论鱼池大小,单养或配养均可获得良好的效果。单养池每 667 米^2 放养团头鲂 200～300 千克,并适当配养少量鲢、鳙亲鱼,每 200 千克团头鲂,搭养鲢亲鱼 75 千克、鳙亲鱼 25 千克,以调节水质。具体放养量要根据培育池的池塘条件、水质环境和饲养管理等情况灵活增减。在早春时,团头鲂亲鱼经过越冬,体重略减,这时青绿饲料还很少,主要投喂饼粕、麸皮等精饲料,促使鱼体尽快复膘肥壮。等水草和陆草长出后,就逐渐改为以投喂青绿饲料为主,此时精饲料和青绿饲料的比例约为 1∶1.6,催产前 15～20 天停喂精饲料。青绿饲料的喂量以在 4～6 小时吃完为度,每尾亲鱼每天的精饲料用量为 25～30 克。池中要经常加注新水,以促进性腺发育。在接近产卵期、水温达到 16℃～17℃时,要将雌、雄鱼分开,以避免亲鱼在气温突然上升或大雨后流水进入池塘,亲鱼零星自然产卵,影响生产的正常进行。

(二)药物催产

要选择性腺发育良好的亲鱼注射催产剂。催产剂的种类主要有鲤、鲫脑垂体,绒毛膜促性腺激素以及促黄体生成素释放激素类似物。雌鱼每千克体重用脑垂体 6～8 毫克,配合绒毛膜促性腺激素 1 600～2 400 单位,促黄体生成素释放激素类似物 5 微克,雄鱼剂量减半。采用一次胸腔注射法进行催产,在水温为 24℃～26℃时,效应时间为 8 小时左右。团头鲂的卵为黏性卵,亲鱼注射后放入产卵池或孵化环道内布置好鱼巢,并以流水刺激,让其自行产卵。团头鲂的卵黏性较弱,用鱼巢集卵和孵化容易脱落,散落池底,可布置少量鱼巢,让产出的鱼卵绝大部分黏附在产卵池或环道边壁上,产卵结束后,捕出亲鱼,放干池水,用刷子或扫帚将鱼卵洗刷下来,放入孵化桶内孵化。

（三）人工授精与鱼卵脱黏

团头鲂的卵黏性较弱，用鱼巢集卵和孵化容易脱落影响生产，可采用人工授精并脱黏的方法取得受精卵。亲鱼注射催产剂后，经 8 小时左右，可见雌、雄亲鱼追逐激烈，此时可取一干燥脸盆，然后捕起发情激烈的雌、雄亲鱼，分别用毛巾擦干体表水分，将卵和精液挤于脸盆中，在挤入精液的同时，用羽毛轻轻搅动，使精、卵充分接触，搅动 1～2 分钟后，再将受精卵徐徐倒入事先准备好的滑石粉脱黏液中，每 10 升滑石粉脱黏液可放卵 1～1.5 千克，要边倒卵边用羽毛搅动，使卵充分分散在脱黏液中，搅拌 5～10 分钟，然后放入四大家鱼的孵化设备中进行孵化。

（四）人工孵化

脱黏后的团头鲂鱼卵，可放入孵化缸中孵化，放卵密度为每 100 升水放 50 万～100 万粒。也可在孵化环道中进行孵化，放卵密度为每立方米水体放 70 万～80 万粒。由于团头鲂鱼卵的体积较小，比重较大，故水流要比四大家鱼孵化时大，防止受精卵沉底死亡。一般在水温为 25℃～26℃时，1～2 天可孵出，出膜后 4～5 天长至 6～6.5 毫米，出现腰点时，就可以过数出苗，下塘饲养或外运。

五、罗非鱼的人工繁殖技术

罗非鱼的繁殖不需要进行人工催情产卵和流水刺激，只要水温稳定在 18℃以上时，将成熟的雌、雄亲鱼放入同一繁殖池中，待水温上升至 22℃时，就能自然杂交繁殖鱼苗。在水温为 25℃～30℃的条件下，每隔 30～50 天即可杂交繁殖 1 次。下面以奥尼罗非鱼杂交繁殖过程为例介绍罗非鱼的繁殖技术。

（一）亲鱼繁殖池的准备

1. 繁殖池的选择　亲鱼繁殖池的优劣，直接影响到亲鱼的产卵、孵化和鱼苗的成活率。在选择亲鱼繁殖池时，要考虑以下几方面问题。

（1）位置　繁殖池应选择在水质良好、水源充足、注排水方便、环境安静的地方。池周围不要有高大的树木和房屋，要向阳背风，以利于提高水温。

（2）面积和水深　繁殖池面积一般以 333～1 334 米^2 为宜。亲鱼刚放入繁殖池时，水深控制在 1～1.5 米；亲鱼杂交繁殖时，水深以 0.8～1 米为好。

（3）形状和土质　繁殖池形状最好为东西向的长方形，池边要有浅水滩，以利于亲鱼挖窝产卵。土质以壤土或沙壤土为好，池底要平坦，不能生长有水草。

2. 繁殖池的清整　亲鱼放养前，繁殖池必须进行清整消毒，给亲鱼创造优良的生活环境，以利于亲鱼繁殖。一般在冬季或早春排干池水，挖去过多的淤泥，使池底平整，修补池埂和漏洞，清除杂草，然后在亲鱼放养前 10～15 天进行药物清塘。常用的清塘药物有生石灰、漂白粉等，其中以生石灰效果最好，既能杀死鱼池中的野杂鱼、敌害生物和病原体，又能起肥水作用。清塘应在晴天中午进行，可提高药效。清塘方法是将池水排出，池底剩 5～10 厘米的水，每 667 米^2 用生石灰 60～75 千克，先把生石灰加水化成浆，然后全池泼洒；或用漂白粉清塘，每 667 米^2 用 4～5 千克，将漂白粉加水溶解后立即全池泼洒。

3. 施足基肥　在亲鱼放养前 5～7 天，向池内加注新水至 1～1.5 米。加水时要用密网过滤，严防野杂鱼和其他有害生物进入鱼池。同时，施放基肥，以培养丰富的天然饵料供亲鱼摄食。基肥有粪肥（猪粪、牛粪、人粪尿等）和绿肥。一般每 667 米^2 施粪肥

500～600 千克或绿肥 400～500 千克。粪肥要经发酵后加水稀释全池泼洒,绿肥堆放在池边浅水处,使其腐烂分解。

(二)亲鱼放养

1. 亲鱼选择 用作杂交繁殖的亲鱼一定要严加选择,以保证有较好的杂种优势。一般每年选 2 次亲鱼,进越冬池时选 1 次,越冬后移入繁殖池时再选 1 次。

选择亲鱼时,一是要选择纯种亲鱼,一般可根据它们的性状特征、体色进行选择。尼罗罗非鱼的主要特征是:体色为黄棕色,体侧有 9 条垂直黑色条纹,背鳍和尾鳍末端边缘为黑色,尾鳍上有明显的黑色垂直条纹 9～10 条,腹鳍和臀鳍为灰色。奥利亚罗非鱼的主要特征是:体色为蓝紫灰色,体侧有 9～10 条垂直黑色条纹,背鳍和尾鳍末端边缘为红色,尾鳍上有许多淡黄色斑点,但不形成垂直条纹,腹鳍和臀鳍为暗蓝色。二是选择体形好,背高体厚,色泽正常,斑纹清晰,发育较好的个体。三是选择生长快,个体大,体质健壮,无伤无病的个体,一般要求尼罗罗非鱼雌鱼个体重在 150克以上,以 250～500 克为好,奥利亚罗非鱼雌鱼个体重要比尼罗罗非鱼雌鱼体重稍大些。四是还要注意亲鱼的饲养条件,以低温越冬、常温下养殖的亲鱼为好。高温恒温下养殖往往会引起退化,后代生长减慢,性成熟规格变小,不宜选作亲鱼。

2. 放养时间 亲鱼放养时间随各地气候不同而有差异,具体放养时间要根据当地的气温、水温而定。只要水温稳定在 18℃ 以上,就可以将亲鱼放进繁殖池。长江流域一般在 4 月底至 5 月初放养,广东、福建地区约在 3 月中下旬放养,北方地区约在 5 月上中旬放养。放养亲鱼要选择在晴朗无风的天气进行,并且以一次放养为好,可使亲鱼产卵时间集中,幼苗一致,有利于苗种培育。

3. 雌、雄配组 放养亲鱼时,雌、雄亲鱼的配比要适当,一般以 3～4∶1 较好,雌鱼要多于雄鱼。

4. 放养密度　亲鱼放养密度以雌鱼为准计算。根据雌鱼的大小,每平方米可放养 1～2 尾。一般每 667 米² 放养 250～500 克/尾的雌亲鱼 600～750 尾,如果按雌、雄比例为 3∶1 配组,则雄亲鱼为 200～250 尾。亲鱼个体为 150～200 克/尾的,每 667 米² 可放养 1 000 尾左右。

(三)亲鱼培育

亲鱼经过越冬后,一般体质较弱,性腺发育差,必须加强培育,以便达到早产卵、早得苗。亲鱼移入繁殖池后,要经常施肥和投喂。施肥要掌握少量多次的原则,一般每隔 5～6 天每 667 米² 施发酵的粪肥 100～200 千克或绿肥 200～300 千克。天气晴朗、水质清瘦、鱼活动正常,可适当多施肥,否则少施或不施,以控制水质达到中等肥度。如水质过肥,应停止施肥,并立即加注新水或增氧,防止亲鱼浮头造成吐卵、吐苗。

为促使亲鱼性腺发育,每天还要投喂人工饲料 1～2 次。常用的饲料有豆饼、花生饼、菜籽饼、米糠、麸皮、玉米粉等。最好将几种饲料混合使用,不要长期饲喂单一品种。也可以投喂配合饲料。投喂量一般为池鱼总重量的 3%～5%,投喂后鱼很快吃完,可适当增加投喂量,否则应少喂或停喂。

(四)产卵孵化

亲鱼放养后,当水温上升至 23℃以上时,便开始陆续产卵、出苗。这时应经常巡塘,观察亲鱼的活动,掌握亲鱼产卵日期和出苗情况。水温在 20℃左右时,亲鱼便开始发情,常见到雄鱼在池边池水处用口衔泥挖窝。挖窝时雄鱼做垂直姿势,张口用力咬起池底泥土,喷落在窝的周围,如此重复几次,挖成一个浅圆锅形的产卵窝。这时雄鱼常常引诱性成熟的雌鱼进窝配对,不久雌鱼产卵,雄鱼立即排精,卵子受精后,雌鱼立即将卵吸入口中孵化。在水温为 25℃时,约 15 天就可见到池边水面上有一小群、一小群游动的鱼苗,这时就要及时捞苗。

(五)捞 苗

捞苗一般在早晨或傍晚见苗较多的时间进行。比较好的捞苗方法是用小拖网,顺塘四周捕捞。这种网具操作轻快,不需下水,可以多次捕捞,获苗量高,鱼苗不易受伤,也不会因下水操作而影响亲鱼杂交繁殖。捞出的鱼苗先放在网箱内暂养,待捞到一定数量后,即可过数放入培育池中进行苗种培育。鱼苗过数一般采取抽样计数法,即选择有代表性的一杯计数,然后按以下公式进行计算。

总尾数＝杯数×每杯尾数

罗非鱼有大鱼苗吃小鱼苗的习性,2～3 厘米的幼鱼就能捕食刚脱离亲鱼的鱼苗,因此需每隔 10～15 天用网捕出捞苗时存塘的大鱼苗。

第七章　鱼苗、鱼种培育技术

一、鱼苗、鱼种的生物学特性

鱼苗、鱼种阶段是鱼类生长发育的旺盛时期,其形态结构、生理特点和生活习性不断变化,具有明显的阶段性。由于不同发育阶段对外界环境条件的要求不一样,所以必须熟悉鱼类在各个阶段的生物学特点,以便制订相应的科学饲养和管理措施,以提高鱼苗、鱼种的生产水平。

(一)鱼苗、鱼种阶段的划分

从标准化的概念来说,鱼苗是指鱼卵内胚胎从卵膜脱出以后,再发育到鳔充气时的仔鱼,一般全长 7～8 毫米。鱼种是指鱼苗发育到全体鳞片、鳍条长全,外观具有成体基本特征的阶段。但我国历来都根据生产实践和养鱼习惯,将鱼苗、鱼种的生产全过程分为3 个阶段,各阶段名称不尽一致。

第一阶段,是从刚孵化出的仔鱼(俗称水花),经过 25 天左右的培育,全长达 3 厘米左右,称为夏花鱼种(俗称火片或寸片鱼种),生产上称鱼苗培育。

第二阶段,是从夏花鱼种再饲养 4～5 个月,全长达 12～17 厘米,称 1 龄鱼种或冬片鱼种;养至翌年春天,则称春片鱼种,生产上称为鱼种饲养或 1 龄鱼种饲养。

第三阶段,部分地区把 1 龄鱼种再饲养 1 年,鱼种体重达150～250 克,青鱼、草鱼可达 500 克左右,称 2 龄鱼种或过池鱼种,生产上称为 2 龄鱼种饲养。

(二)消化器官发育与食性转化的相关性

刚孵出的鱼苗,以卵黄囊中的卵黄为营养,称为内营养时期。当鱼苗肠道发育成一直管并与口腔相通时,鱼苗除吸取残余卵黄外,开始摄食外界食物,这时称为混合营养时期或向外营养过渡时期。当卵黄囊消失、肛门形成后,鱼苗全靠摄取外界食物维持生存,称为外营养时期,此时的鱼苗称为嫩口鱼苗。下面重点介绍外营养时期鱼苗消化器官发育与食性转化的相关性。

第一,鱼苗消化器官处于继续发生和演变时期,鱼苗全长达7～10毫米时,口小,咽喉齿未生成,鳃耙刚刚萌发,肠管呈直管状。此时几种鱼苗不仅形态相似,摄食方式和食物组成也完全相同,都是吞食适口的小型浮游动物,如轮虫、无节幼体和小型枝角类。

第二,鱼苗长到 12～15 毫米时,口咽腔增大,咽喉齿开始出现,呈凸起状。鲢鱼、鳙鱼的鳃耙数目增多,长度和间距有明显变化,肠管变粗延长,其摄食方式和食物种类组成开始发生变化。摄食方式由吞食转向滤食过渡,其食物组成除小型浮游动物外,还有少量浮游植物。青鱼、草鱼、鲤鱼鱼苗可吞食较大的浮游动物,如枝角类、桡足类以及部分小型底栖生物。

第三,鱼苗全长达 16～20 毫米时,消化器官进一步发育,食性分化更加明显。草鱼、青鱼、鲤鱼等口裂增大,咽喉齿已发育完善,初具研磨能力,肠管变粗、延长,出现肠黏膜褶,摄食能力增强。鲤鱼和青鱼除摄食大型枝角类外,也食摇蚊幼虫、水蚯蚓和小型底栖动物以及植物碎片;草鱼开始摄食幼嫩水生植物。鲢鱼的鳃耙多、密且长,鳙鱼的鳃耙较少,排列疏且短。从这时开始,它们由吞食转为滤食,但食物组成有了明显的区别,如鲢鱼的食物中浮游植物的比重逐渐加大,鳙鱼则仍以浮游动物为主。

第四,鱼种全长达 30 毫米时,消化器官进一步完善,其形态结构、食物组成,逐渐接近于成鱼。31～100毫米时,取食器官形态结构和食物组成基本与成鱼相同。四大家鱼中以鲢鱼、鳙鱼的口和口咽腔最大,肠长盘曲多,而且鲢鱼的鳃耙细密呈海绵状,以滤食各种浮游植物为主;鳙鱼的鳃耙密而长,但不连成海绵状,以滤食浮游动物为主。其他几种养殖鱼类,其口形、咽喉齿的排列和形状、肠管长度与粗细,因品种而异,食性也不相同,如草鱼、团头鲂能吃芜萍、小浮萍及切碎的鹅菜和嫩草。长到100毫米以上即可吃各种水草和嫩旱草。青鱼在体长为100毫米左右时,可吃轧碎的螺、蚬,150毫米以上时可吃小螺蛳,鲤鱼具有挖掘底泥寻食底栖动物和吸吮植物碎屑的能力。

从鱼苗发育至鱼种,鱼类的摄食方式和食物组成都在发生变化。如鲢鱼由吞食小型浮游动物到摄食大型浮游动物,再转为以滤食浮游植物为主。鳙鱼由吞食小型浮游动物转为滤食各种浮游动物。草鱼、青鱼和鲤鱼的摄食方式始终都是主动吞食,其中草鱼由吞食小型浮游动物到摄食大型浮游动物,再转为摄食草类;青鱼由吞食小型浮游动物到摄食大型浮游动物,再转为主要摄食螺、蚬类;鲤鱼由吞食小型浮游动物到摄食大型浮游动物,再转为杂食性,主要吃底栖动物中的摇蚊幼虫、水蚯蚓、水生植物和植物碎屑。

(三)生活习性和对环境条件的要求

1. 生长速度与养殖条件的关系　一般来说,鱼苗养至鱼种,绝对生长(日增长和日增重)前期慢于后期,即鱼苗养成夏花鱼种阶段慢于夏花养成1龄鱼种阶段;相对生长(日增长率和日增重率)则相反,即前期快于后期。如鱼苗下塘后3～10天生长最快,日增长率为15%～25%,日增重率30%～57%,然后逐渐减慢。在正常培育情况下,鱼苗1年可养成全长10～15厘米、体重25～50克的鱼种,如果饲养得法,可达到100克左右。其中鲢鱼、鳙鱼的生长前期增长快;草鱼、青鱼的生长后期增长较快;鳊鱼、团头鲂、鲤鱼的体长和体重增长都较慢。

影响鱼苗、鱼种生长速度的因素很多,主要有放养密度、食物、水温和水流等。在一定的放养密度范围内,营养和水质条件对鱼苗、鱼种生长的影响远远大于密度的作用,而且这种关系比较复杂,不易掌握。食物丰足,环境良好,鱼的生长就快,体质肥壮,群体也较整齐;反之,食物不足,投喂不均,时饥时饱,鱼的生长就慢,体质瘦弱,大小不一。因此,科学的施肥、投喂和创造良好的生活环境十分重要。

2. 活动规律 刚下塘的鱼苗,通常在池边和水面分散游动,第二天开始趋于集中,下塘5天后,逐渐离开池边到池中活动。10天后鲢鱼、鳙鱼鱼苗在池水中上层集群活动;草鱼、青鱼鱼苗下塘5天后逐渐移到中下层活动。特别是草鱼鱼苗,全长达15毫米时,喜集群在池边游动;鲤鱼鱼苗达15毫米左右时,开始成群在深水层活动,对惊动反应敏感,较难捕捞。可见鱼种阶段,这几种鱼在水体中分层栖息活动的规律日趋明显,与成鱼阶段无多大的差异。

3. 对水质的要求 鱼苗、鱼种的代谢强度比成鱼旺盛。如鲢鱼鱼苗的耗氧率和能量需求量比夏花鱼种和1龄鱼种高5～10倍,因此水中溶氧量越高,鱼摄食越强烈,消化率越高,生长速度也越快。为此,鱼苗、鱼种池应保持充足的溶解氧和足够的营养物质,保证鱼的旺盛代谢和迅速生长的需要。

鱼苗、鱼种对pH值适应范围小,最适pH值为7.5～8.5。pH值过高或过低都会不同程度地影响鱼苗、鱼种的生长和发育。

在鱼苗阶段,以肥水为好,但在鱼种饲养阶段各有不同,鲢鱼、鳙鱼终生滤食浮游生物,要求浮游生物多,所以要求较肥的水;草鱼、鳊鱼、团头鲂由于食性的转化,要求水质比较清新;青鱼、鲤鱼主要摄食底栖生物,也食大型浮游动物,因此适当肥水饲养效果较好。

(四)鱼苗的质量鉴别

1. 鱼苗(水花)体质强弱的鉴别　首先看体色,优质苗群体色素相同,无白色死苗,身体光洁不拖泥;劣质苗群体色素不一,俗称花色苗,带有白色死苗,苗体拖泥。其次看游泳能力,将盛鱼苗的水搅动,鱼在漩涡边缘逆水游泳为优质苗;若大部分被卷入漩涡则为劣质。第三是抽样检查,如果将鱼苗盛在白瓷盘内,口吹水面,鱼苗能顶风逆水游动,倒掉盘中的水,鱼苗在盘底剧烈挣扎,头尾弯曲成圈状者为优质苗;而顺水游动,无力挣扎,头尾仅能动者为劣质苗。

2. 乌仔体质强弱的鉴别方法　水花经过 7～10 天的饲养,体长达 15～20 毫米的鱼苗称为乌仔。乌仔体质强弱首先看体色和规格,体色鲜艳,有光泽,而且大小整齐一致者为强苗;而体色发暗无光、变黑或变白,个体大小也不一致者为弱苗。其次可抽样检查,将乌仔放入白瓷盆内观察,头小背厚,身体肥壮,鳞、鳍完整,不停狂跳者为强苗;反之,身体瘦弱,头大背窄,鳞、鳍残缺,或体伤充血,很少跳动者为弱苗。最后可看游动情况,行动敏捷,集群游动,受惊后迅速潜入水底,不常停留于水面,抢食能力强者为强苗;反之,行动迟缓,游泳不集群,在水面慢游或静止不动,抢食能力弱者为弱苗。

二、鱼苗培育

鱼苗培育是指鱼苗、鱼种饲养的第一阶段,即从孵化出环的鱼苗饲养到夏花鱼种。鱼苗培育在养鱼生产中是十分重要的一环,因为鱼苗身体微小,细若针芒,活动力弱,摄食能力低,对饲料的选择要求高,对外界环境条件的适应性及躲避敌害生物袭击的能力差。因此,必须在良好的池塘环境条件下精心培育,才能获得较高的成活率。一般在鱼苗培育过程中的生产指标,要求成活率达到80%以上,规格要求在3厘米左右,而且群体整齐、健壮、无病伤。

(一)鱼苗种类鉴别

主要养殖鱼类的鱼苗可根据其体型大小、眼睛的大小和位置、鳔的形状和大小、体色的分布情况、尾鳍的形状、游泳的特征等进行区分(表7-1)。

表7-1　主要养殖鱼类鱼苗外形鉴别要点

种类	体形	体色	头部	眼	尾部	鳔(腰点)	色素(青筋)
草鱼	较青鱼、鲢鱼、鳙鱼矮小,但比青鱼胖	淡橘黄色	头较短而大,略呈方形	眼较青鱼苗小,黑色平行排列,间距大	尾小如笔尖,尾部有红黄色血管	椭圆形,较狭长而小,距头部近	明显,起自鳔前,达肛门之上
青鱼	体长,略弯曲	淡黄色	头纵扁,略呈三角形,较草鱼的头长	眼大而黑,呈倒八字形排列	有不规则的小黑点	椭圆形,较狭长,与头部距离较草鱼鱼苗稍远	灰黑色,明显,直至尾端。在鳔处略向背面拱曲
鲢鱼	体平直,仅小于鳙鱼、青鱼鱼苗	灰白色(较大时为灰黑色)	圆形,下腭突出	不凸不凹,平行排列,眼间距较近	上、下叶有2个黑点,上小下大	椭圆形,前端钝,后端尖,与头部距离较鳙鱼鱼苗稍近	明显,自鳔前到尾部,但不到脊索末端
鳙鱼	体较大,肥胖	嫩黄色	圆形而大,下腭突出	眼比鲢鱼鱼苗大,眼间距较阔	蒲扇形,下叶有黑点	椭圆形,较鲢鱼鱼苗大,距头部远	黄色,较直,在肛门后不明显

续表 7-1

种类	体形	体色	头部	眼	尾部	鳔(腰点)	色素(青筋)
鲫鱼	短小,呈楔形,鳔后部分逐渐削细	淡黄色	较大	小,呈八字形,眼间距宽	尾鳍椭圆形,下叶有不规则黑色素丛	卵圆形,前端钝,后端尖	粗,呈黑色
鲤鱼	粗、短,鳔后逐渐缩小	浅赭黄色	较大	呈三角形,向两侧凸出	尖细	长圆形	灰黑色
团头鲂	细而短	透明无色	较小	眼中等大小,眼间距宽	尾鳍褶后缘平	较小,呈卵圆形	无
鲮鱼	短小,胖	稍呈红色	短,扁平	眼侧位,眼间距宽	尾鳍椭圆形	葫芦形,前端钝,后端尖	无

(二)鱼苗培育池的选择

鱼苗培育池的优劣直接影响鱼苗培育的效果,标准的鱼苗培育池应具备以下条件。

一是交通便利,水源充足,水质良好,不含泥沙和有毒物质,注排水方便。

二是池形整齐,最好是东西向的长方形,其长、宽比为 5∶3,便于饲养管理和拉网等操作。面积以 667～2 668 米² 为宜,池水深度一般前期保持在 0.5～0.7 米,后期保持在 1～1.2 米。

三是土质好,池堤牢固,不漏水。鱼苗池以壤土为好,沙土和黏土均不适宜。

四是池底平坦,无杂草丛生,无砖瓦石砾,池底向出水口一侧倾斜,出水口位于最低点,池底保持 10～20 厘米厚的淤泥。

五是池塘要通风向阳,光照充足。

(三)放养前的准备

1. 修整池塘 一般在冬季渔闲季节进行。将池水排干,清除池底和池边杂草,挖出过多的淤泥,将塘底推平,并使入水口向排水口形成 3.3‰～5‰的坡度。池塘整修完以后,任其日晒冰冻,以达到减少病虫害、促进池底有机质分解、提高池塘肥力的效果。若不能在冬季修整,最少也要在鱼苗下塘前 1 个月进行。

2. 药物清塘

(1)生石灰清塘 生石灰必须是刚出窑的,如在空气中放置时间较长,生石灰潮解,吸收空气中的水分和二氧化碳,变成粉末状的碳酸钙后则失去清塘效果。清塘时可以将池水排干,用刚溶解后尚未冷却的生石灰浆,均匀洒向全池,翌日用长柄泥耙耙动塘泥,使石灰浆与塘泥充分混合拌匀,以提高清塘效果。也可以用带水清塘的方法,即不排出池水,将新鲜石灰浆趁热全池泼洒均匀。前者的用量为每 667 米² 用 60～75 千克;后者的用量为每 667 米² 每米水深用 120～150 千克。

(2)漂白粉清塘 漂白粉含有效氯 30％左右,遇水后产生次氯酸,有强烈的杀菌和杀死敌害的作用。清塘时可将池水排干,用刚溶解后的漂白粉溶液均匀洒向全池,也可以带水清塘,即不排出池水将漂白粉溶解后进行全池泼洒。前者的漂白粉(含有效氯 30％)用量为每 667 米²4～8 千克;后者的用量为每 667 米² 每米水深用 13.5～15 千克。

(3)生石灰与漂白粉合剂清塘 排水清塘时,每 667 米² 水面用漂白粉 2～3 千克、生石灰 30～40 千克;不排水清塘时,每 667 米² 每米深水体用漂白粉 5～7 千克、生石灰 60～75 千克。使用方法可参照生石灰、漂白粉的用法。

(4)鱼藤精清塘　不排水清塘时,每 667 米² 每米水深用 1.3 千克。使用时,加水 10～15 倍后均匀遍洒全池。

(5)巴豆清塘　不排水清塘时,每 667 米² 每米深水深用 5～7.5 千克。使用前,须将巴豆捣碎磨细装入罐中,然后用 3％盐水密封浸泡 3～4 天,使用时用水稀释后连渣带水全池泼洒。

3. 施肥　鱼苗放养前施肥的作用是培养适口饵料生物(轮虫),以便能在池塘出现轮虫高峰期时鱼苗下塘。掌握好施肥时间,这是保证鱼苗下塘后有充足适口饵料,提高成活率的关键。如用腐熟发酵的粪肥,可在鱼苗下塘前 5～7 天(依水温而定)每 667 米² 全池泼洒 200～500 千克;如用堆肥,可在鱼苗下塘前 10～14 天(依水温而定)每 667 米² 投放 200～300 千克。施肥后每日观察,如发现水中出现大量晶囊轮虫,说明轮虫高峰期即将过去,需每 667 米² 再泼洒腐熟的有机肥料 50～150 千克。在生产上,为确保轮虫大量繁殖时鱼苗下塘,在施有机肥前往往先泼洒 0.2～0.5 毫克/升的 90％晶体敌百虫溶液以杀灭大型浮游动物。

4. 试水　鱼苗下塘要进行试水,即在鱼苗下塘前一天将少量鱼苗放入池内网箱中,经 12～24 小时观察鱼的动态,检查水中药物毒性是否消失。为防止池内有野杂鱼或者其他敌害生物,在鱼苗下塘前 1～2 天,应用密眼网在池中拉网 1～2 次,必要时应重新清塘消毒。

(四)鱼苗下塘

同一池塘必须放养同批次和同种鱼苗,否则会造成规格不齐,成活率低,也会给今后鱼种捕捞出售增添不必要的麻烦。

鱼苗池的水温不能低于 13.5℃,鱼苗运到塘口后先将鱼苗袋放入池中,经 15 分钟后袋内外水温基本相同后,将鱼苗袋打开把鱼苗放入事先支好的鱼苗箱中暂养。待鱼苗活动正常时应投喂鸡蛋黄水,投喂时要少量多次,缓慢而均匀地泼洒,1个鸡蛋黄可供10万尾鱼苗摄食。

放苗时间以晴天无风的 9～10 时为宜,忌傍晚放苗,在有风天气,应注意在上风处放苗,以免鱼苗被风吹到岸上或挤死。

(五)放养密度和培育方式

鱼苗放养密度对鱼苗的生长速度和成活率有很大影响。放养密度与鱼苗池条件、饵料和肥料的质量、鱼苗品种、饲养方式、饲养技术水平都有直接关系。如池塘条件好,饵料、肥料量多质好,饲养技术水平高,放养密度可偏大些,否则就要小些。鱼苗培育方式主要有 2 种:一种是从下塘鱼苗开始,经 15～20 天的培育,养成 3 厘米左右的夏花,这种培育方式称为一级培育法。另一种是先将鱼苗养成 1.7～2 厘米的乌仔,然后再分塘养成 4～5 厘米的大规格夏花,这种培育方式称为二级培育法。

采用一级培育法放养密度见表 7-2。

表 7-2　一级培育法鱼苗放养密度　(单位:万尾/667 米²)

地　区	鲢鱼、鳙鱼	鲤鱼、鲫鱼、 鳊鱼、团头鲂	青鱼、草鱼	鲮　鱼
长江流域以南地区	10～12	15～20	8～10	20～25
长江流域以北地区	8～10	12～15	6～8	—

采用二级培育法草鱼、鲢鱼、鳙鱼、鲂鱼鱼苗先以 10 万～15 万尾/667 米² 密度放养,培育 7～10 天后,鱼体全长达到 1.7～2.7 厘米时再分塘。必须注意,无论采用哪一种方式,鱼苗放养时都要准确计数,一次放足。

(六)鱼苗放养时应注意的事项

第一,鱼苗孵出 4～5 天,鱼鳔充气、能水平游泳、正常摄食时称嫩口鱼苗,此时即可下塘。如过早下塘,因鱼苗的活动能力弱,摄食能力差,会沉入水底而死亡。下塘过晚,苗老、体质差,也易死亡。

第二,下塘的鱼苗,必须是同一批孵出的,否则个体大小不一,不仅出塘鱼种规格不整齐,也会影响成活率。

第三,下塘时,装鱼容器内的水温与池塘水温温差不能超过3℃,温差过大,应慢慢调节容器内的水温,使鱼苗习惯池水温度后才能放苗。

第四,经长时间运输的鱼苗,要经暂养后再下塘。

第五,鱼苗放养前应投喂1次熟蛋黄,一般每20万尾鱼苗投喂1个鸭蛋黄。

第六,鱼苗下塘时,应在池塘的向阳上风头处,将盛鱼容器倾斜于水中,慢慢地放出鱼苗,切勿直接倾倒。

(七)鱼苗培育方法

鱼苗养成夏花鱼种阶段,几种鱼苗全长20毫米以前主要摄食轮虫、无节幼体和小型枝角类等浮游动物,20毫米以后各种鱼的食性才明显分化。因此,鱼苗培育期(10天左右)主要施用有机肥料,培育轮虫等小型浮游生物;后期(10天左右)因鱼苗种类不同,应分别考虑其食性,培养浮游植物(养鲢鱼)、浮游动物(养鳙鱼)和养草,青鱼鱼苗后期应兼喂人工饲料,以补充大型浮游动物的不足。用有机肥料培养天然饵料生物来培育鱼苗、控制水质肥度是关键,且难度较大,前期要求水中浮游动物量在20毫克/升以上,而且要有一定数量的浮游植物供浮游动物食用,同时还要保证水中的溶氧量;后期对鳙鱼、草鱼、青鱼、鲤鱼鱼苗的池水肥度要求同前期一样,而鲢鱼鱼苗则应比前期肥,以浮游植物为主,其生物量应达到30毫克/升,并以隐藻、鞭毛绿藻和某些鱼腥藻等为主。

控制池水肥度和天然饵料生物组成的主要措施是注水和施

肥。关键是掌握浮游生物的发生规律和鱼苗食性转化规律。鱼苗培育的方法各地不一,现分别介绍如下。

1. 农家肥料培育法　农家肥对池塘肥效的作用是多方面的,因为它所含的营养元素全面,富有氮、磷、钾和其他多种元素。农家肥主要有绿肥、粪肥和混合堆肥等,凡是梗叶柔软、无毒,易于沤烂的各种陆草和人工栽培的植物都是很好的绿肥,如菊科植物、豆科植物以及少数禾本科植物,它们腐烂分解快,肥力高,肥效时间长,是培育鱼苗的良好绿肥。

人粪尿主要含有氮、磷、钾等多种元素,尤其是氮素较多,家畜、家禽的粪尿不但肥分高,且有丰富的有机质,对提高池塘肥力有很大作用。家禽是杂食性的,粪便中氮、磷、钾的含量比各种性畜粪尿均高。家畜粪尿的成分因种类、饲料不同而各异。

(1)绿肥培育法　在鱼苗下塘前5～7天,每667米² 水面投放大草(菊科和豆科植物)200～300千克,分别堆在池塘四角,让其腐烂培养天然饵料生物。晴天水温高,一般1～2天翻动1次,以4～5天后池水呈淡绿色或黄绿色为最好,这类肥水中鱼苗的适口饵料生物多。以后每次每667米² 施大草150～200千克,维持水中的肥力,并及时捞出难腐烂的草秆。从鱼苗下塘到夏花出塘,一般每667米² 需大草1 300～1 500千克。用大草堆肥培育鱼苗,池塘浮游生物较丰富,但水质不易掌握,要有丰富的鉴别水质肥度的经验,以正确决定追肥数量和注水次数。

(2)草浆培育法　即用高产的水生植物喜旱莲子草(水花生)、凤眼莲(水葫芦)、水浮莲(简称三水)用高速打浆机粉碎成颗粒微细的草浆培育鱼苗的方法,草浆的微细颗粒一部分可被鱼苗直接吞食,一部分则被轮虫、浮游动物摄食而使浮游动物大量孳生,供鱼苗食用,未被利用的草浆颗粒通过细菌分解也能起到施肥的作用。因此,草浆培育鱼苗具有双重作用。喜旱莲子草含有一种皂苷,需加3%的食盐处理,使皂苷含量由3%下降至1.8%,才可作为鱼的饲料。

投喂方法：每日投喂 2 次，全池泼洒，每 667 米² 投草浆50～70 千克，具体数量以水色而定。据各地实践证明，用 200 千克草浆，可培育 1 万尾夏花鱼种，即每 20～30 千克草浆相当于 1 千克黄豆的培育效果。

2. 化肥培育法 化肥养鱼具有节省劳力、经济、速效、肥分含量高、操作方便等优点，特别是在农家肥来源困难的地区，化肥养鱼已被广泛应用。

化肥可直接为藻类提供必需的营养元素，促进浮游生物的生长繁殖，同时又能调节水质的酸碱度。常用氮肥有硫酸铵、碳酸氢铵、氨水、尿素，磷肥以过磷酸钙等为主。氮、磷肥最好混合施用。

池水透明度在 30 厘米以上时，鱼苗下塘前 3～5 天，水深 70厘米，每 667 米² 施用尿素 1.5～2 千克，或碳酸氢铵 5～8 千克，或过磷酸钙 5 千克，化水后全池泼洒。鱼苗下塘后根据水质、天气、鱼的活动情况确定追施肥量，原则上应做到量少、勤施。一般 2～3 天施肥 1 次，每次每 667 米² 追施尿素 0.3～0.5 千克，或碳酸氢铵 2～2.5 千克和过磷酸钙 0.25 千克，施追肥时，应特别注意将化肥水溶后再全池泼洒，否则常因鱼苗误食化肥颗粒而发生毒害作用。此外，因化肥成分单一，肥效持续时间短、不稳定，所以与农家肥混合施用，效果更为理想。

3. 豆浆培育法 系江浙一带的传统饲养法。是用黄豆或豆饼磨成豆浆作为鱼苗的饲料，泼洒的豆浆一部分被鱼苗吞食，一部分成为培养浮游生物的肥料。从利用率来看，鱼苗直接摄食的越多越好，因此务必注意制浆和投喂方法。

（1）制浆方法 黄豆浸泡要适度，以泡至两瓣缝隙涨满，轻捏散瓣为度，切不可泡至发芽。在 24℃～30℃时，一般浸泡 6～7 小时即可。豆饼应先粉碎，再泡至发黏。浸泡适度，则出浆多、质量好、浆白而厚、在水中悬浮时间长、鱼苗摄食机会多、利用率高。

磨浆时水与豆一起加,一次磨成浆,切不可磨好浆再对水,因为对水后的浆,易发生沉淀,鱼苗吃到豆浆的时间短。一般1千克黄豆可磨成18～20千克浆,1千克豆饼可磨成10千克浆。

已经磨好的豆浆,要及时投喂,放置时间过长,则会产生沉淀或变质。

(2)投喂方法　鱼苗下塘后5～6小时就应投喂豆浆。因初下塘的鱼苗游动弱,主动摄食能力差,只能吃到悬浮在它周围水中的食物,所以泼浆一定做到全池均匀泼洒,使鱼苗张口即可得食。每天投喂2次,8～9时和15～16时各投喂1次。投喂方法因鱼而异,培育鲢鱼、鳙鱼鱼苗时要满塘泼洒,培育青鱼、草鱼鱼苗时沿塘边要多泼些。饲养10天后的青鱼、草鱼由于食性和习性的转化,除投喂第二次豆浆外,还要在塘边增投豆饼糊1次。

泼浆是一项技术性很强的工作,泼得均匀,鱼苗都能吃到,则生长整齐、成活率高。否则,多食者强,少食者弱,大小不一,成活率低。

投喂量应视池水肥瘦情况而定,一般鱼苗下塘后20天内,每日每667米^{2}投喂2～2.5千克黄豆或2.5～3.5千克豆饼磨成的浆,以后10天根据水质和鱼的生长情况而增加,一般养成1万尾夏花鱼种,需黄豆或豆饼7～8千克。

4. 肥料豆浆综合培育法　这种方法综合了施肥和豆浆培育法的优点,是一种比较经济的培育方法。

鱼苗下塘前4～5天,每667米^{2}水面施农家肥150～200千克,培养供鱼苗食用的小型浮游动物,做到肥水下塘,使鱼苗一下塘就能吃到适口的饵料。鱼苗下塘后每日每667米^{2}水面可投喂1～2千克黄豆浆,以弥补天然饵料的不足。同时,每隔3～5天施肥1次,每次每667米^{2}施腐熟的肥料50～100千克。随着鱼苗的生长,池中可消化利用的浮游生物供不应求,特别是青鱼、草鱼、鲤鱼、鳙鱼等鱼苗,饲养后10天水中的大型浮游动物数量远不能满足其需要,这时除泼浆外,最好在塘边辅投豆饼糊、豆渣或芜萍。这种综合培育法不受前面所介绍的几种方法的限制,兼取其长,兼收其利,方法灵活,效果好,夏花出塘率高,是目前采用较多的培育方法。其特点是:肥水下塘,每日泼浆,适时追肥,使肥水和投喂相结合,营养物质丰富,鱼苗生长快,成活率高,可充分利用当地资源优势。

(八)鱼苗池的管理

1. 分期注水 鱼苗培育过程中分期向鱼池注水,是提高鱼苗生长率和成活率的培育措施之一。因为鱼苗下塘时的水深一般为60厘米左右,水浅易提高水温,有机物分解快,有利于天然饵料生物的繁殖和鱼苗的生长。但随着鱼体的长大,水体空间相对减小,鱼粪、残肥、残饵日益积累,水质逐渐变肥、老化,溶氧量减少,所以需要分期加注新水,以增大鱼苗的活动空间,改善水质状况,促进浮游生物的繁殖,有利于鱼苗的生长发育。

分期注水的具体时间和水量,应根据水的肥瘦、鱼生长快慢和天气情况而定。原则上水肥、天气干旱炎热时,可勤注水、多注水;水瘦、阴雨天气时,可少注水或不注水。通常在鱼苗下塘后,每隔4~5天注1次水,每次注水10~15厘米,在整个培育期间分期注水3~4次,使水位达到1.2~1.5米为宜。注水时间以15~17时为好,因一般夜间水中溶氧量偏低,故傍晚注水可防止翌日严重浮头。注水时要避免水流过急和直冲池底把水搅浑,且每次注水时间不可太长,以免鱼苗长时间顶水消耗体力。

2. 巡塘 巡塘是一项十分重要的管理工作,在鱼苗培育过程中,每天必须在黎明前和傍晚进行巡塘。巡塘要"三看":一看鱼情,二看水情,三看天情。通过"三看"发现问题,及时采取相应的措施。

(1)看鱼情 早上巡塘主要观察鱼苗有无浮头现象。若观察到鱼苗成群浮头,人走近或碰击出声,鱼受惊下沉,稍停片刻又浮上来,表示轻微浮头;日出后浮头停止,说明池水肥度适宜。若浮头的鱼苗分散全池,受惊也不下沉,日出后仍不解除,说明严重缺氧,应马上加注新水,直到停止浮头为止。如发现有些鱼苗离群,身体发黑,在池边慢慢游动,表明个别鱼已经生病,应及时检查病因,采取相应的治疗措施。

(2)看水情　主要观察水色,从水色判断水质变化。如水色清淡,鱼不浮头,说明水质不肥,应增加施肥量和投喂量;反之,应减少施肥、不施肥或加注新水。

(3)看天情　天气变化情况是日常管理的重要依据,俗话说:"晴天多施肥,阴天少施肥,雨天不施肥"。要特别注意气候变化,在阴雨天气,肥料分解很慢,常沉入池底,一旦天气闷热,气压较低时,就会因肥料急剧发酵分解,吸收水中氧气而造成缺氧泛塘。

3. 日常管理　管理人员要做到"三查三勤"。早上查看鱼苗是否浮头和有无鱼病发生,勤捞蛙卵、蝌蚪、清除敌害;午后查看鱼苗生长活动情况,看是否有敌害和野杂鱼侵袭鱼苗,勤清除池中水草和岸边杂草,保持池塘环境卫生;傍晚查看水质和鱼的摄食情况,决定翌日施肥、投喂数量或是否需要要加注新水,勤清除水面的白色油膜,保持水质清爽。

(九)鱼体锻炼和出塘

在正常情况下,鱼苗经过 20 天的培育,体长达 3 厘米左右,已养成夏花鱼种,这时各种鱼的食性已开始分化,而且随着鱼体的增长,原有密度已过大,因此必须分塘稀养。分塘前须进行鱼体锻炼,增强体质,使之能经受起分塘和运输等操作。同时,在密集锻炼过程中促使鱼体分泌黏液和排除粪便,提高耐缺氧的适应力,运输中可避免大量黏液和粪便污染水质,有利于提高运输成活率。

1. 拉网锻炼　通常进行 2～3 次拉网锻炼。第一次拉网,又叫开网,用夏花网将全池鱼围捕在网中,提捡网衣呈网箱形,将鱼密集 10 分钟左右,然后提起使鱼群集中接近水面,使鱼处于半离水状态下,在 10～20 秒时间内观察一下鱼的数量和成长情况,及时放回原池。

隔天进行第二次拉网,用同样的方法将夏花鱼种围集后,移入网箱中,使鱼在网箱中密集,经过 1～2 小时放回池中。在鱼密集的时间内,须使网箱在水中移动,并向箱内划水,以免鱼浮头。如不长途运输,经 2 次锻炼后即可过数和分塘;如要长途运输,则可进行第三次拉网锻炼,即将鱼慢慢赶动,围集起来后,让其自动进入网箱中,即可进行长途运输。拉网锻炼时应注意以下几点。

一是拉网前一天不要投喂和施肥,要将水中的水草、障碍物和青苔清除干净,以免妨碍拉网和损伤鱼种。

二是拉网锻炼应选择晴天 9～10 时进行,中午、下午炎热时不能拉网,以免缺氧死鱼,暴雨时不能拉网。

三是鱼浮头时不能拉网,待鱼恢复正常时再拉。

四是拉网赶鱼速度不能过快。因鱼种体小,游动速度不快,赶得太急就会伤鱼。同时,应洗去箱眼上塞住的黏物和污物,使箱内外水体充分交换,以免鱼在箱内闷死。

五是水浅的池塘拉网前要加注新水,淤泥多的池塘应在网的下纲绑几个草把,以免下纲入泥。

六是鱼种进箱后,及时清除污物、粪便,防止污物和黏液堵塞网眼引起缺氧死鱼。

七是拉网时尽量做到一网基本拉净,使全池夏花鱼种都受到锻炼,以免造成"生"、"熟"不一。

八是发现鱼种患病不能拉网,应立即放回原池,进行治疗,治愈后再拉网,以免疾病加重或带病传染。

九是如发现鱼体幼嫩、鳃盖透红、贴网等异常现象,应马上停止拉网,放回原池,培育几天后再拉网。

2. 过数出塘　经过 2 次锻炼的夏花鱼种,用第二次拉网锻炼的方法将鱼上箱后洗箱,密集 2～3 个小时,即可进行过筛、过数分塘。

(1)过筛　过筛前将夏花鱼种先集中拦在捆箱的一端,然后将空出的一端洗净,分成 2 格,中间一格用于过筛操作存放筛下之鱼,另一格存放筛上之鱼。夏花鱼种一般用 5～9 朝鱼筛筛选,过筛时放鱼量不可过多,以防伤鱼,一手握筛缓缓摇动,另一手握盘划水,使小规格鱼游出。大规格鱼留在筛内。注意动作协调,操作仔细。

(2)过数　夏花鱼种的过数,多以小捞海或量杯计算,计量过程中抽出有代表性的捞海或一杯计数,然后按以下公式进行计算。

总尾数＝捞海数(杯散)×每捞海(杯)尾数

成活率＝夏花出塘数/下塘鱼苗数×100％

三、1 龄鱼种培育

鱼苗经过前一阶段的培育,个体规格达到 5～6 厘米,称为夏花。此时各种鱼的食性开始发生分化,如仍留在原池培育,由于密度过大,饲料不足,势必影响鱼苗的生长,所以必须要分养。但如果直接放入大水体养成食用鱼,会因鱼体幼小,造成大量死亡。因此,还需再经过一段时间精细的饲养和管理,养至体格健壮,达到一定规格要求的鱼种,然后再进行成鱼饲养,这是紧接着鱼苗饲养的一个不可缺少的环节。所谓一定规格要求的鱼种即为体长达到 10～12 厘米的鱼种。各地商品鱼的生产经验证明,大规格鱼种是商品鱼高产的基础。为此,1 龄鱼种饲养就是将夏花培育成 10～12 厘米规格鱼种的过程,主要任务是培育符合要求、足够数量的大规格鱼种。

（一）夏花质量鉴别

夏花鱼种的优劣主要从以下 2 个方面鉴别：一是外观鉴别，主要包括出塘规格、体色、体表、体形、活动情况等（表 7-3）。二是通过可数指标进行鉴定。从每批鱼种中随机抽取 100 尾以上，肉眼观察并计数，畸形率、损伤率应小于 1％；用鱼病常规诊断方法检查体表、鳃、肠道等，带病率应小于 1％，且不能有危害性大的传染病个体。

表 7-3　主要养殖鱼类夏花鱼种质量鉴别要点

鉴别项目	优　质	劣　质
出塘规格	同种鱼出塘规格整齐	同种鱼个体大小不一
体　色	体色鲜艳，有光泽	体色暗淡无光、变黑或变白
体　表	体表光滑，有黏液	体表粗糙或黏液过多
活动情况	行动活泼，集群游动，受惊后迅速潜入水底，抢食能力强	行动迟钝，不集群，在水面停留，抢食能力弱
抽样检查	鱼在白瓷盆中狂跳，身体肥壮，头小背厚，鳞、鳍完整，无异常现象	鱼在白瓷盆中很少跳动，身体瘦弱，背薄。鳞、鳍缺损，有充血现象或异物附着

（二）池塘条件及清塘

选择鱼种培育池塘的条件基本与鱼苗池相似，但面积要大些，一般为 2001～3335 米²，水深 1.5～2 米。鱼种产量和鱼种池面积、水深呈正比，换句话说，只要利于拉网、分塘操作，池塘面积再大些、水再深些都是可以的。鱼池要清整，其清整、消毒方法与鱼苗池相同。

（三）常规培育法

生产上大多应用混养形式,这是因为在夏花培育鱼种阶段各种鱼的活动水层、食性、生活习性已有明显差异,可以同塘混养,即确定一种主养鱼,混养几种配养鱼,以充分利用池塘水体和天然饵料资源,发挥池塘的生产潜力,在投喂方式上往往采用以肥料和青绿饲料为主,辅以精饲料(配合饲料或粉状料)的方法。

1. 鱼种池的选择及清整　鱼种池面积以 $2\,000\sim3\,335$ 米² 为宜,水深 $1.5\sim2$ 米,面积过大,对鱼种的生长虽然有利,但容易造成同一鱼池内水环境的不平衡,致使鱼种规格不一,影响鱼种生产效益,同时对饲养管理、拉网操作均不利。其他条件与鱼苗池要求相同。

要对池底、池埂和池水进行严格消毒,以达到杀虫、灭菌的目的,创造适宜鱼种生活的优良环境。

2. 注水和施基肥

（1）注水　在池塘消毒后、鱼种下塘前 1 周左右注水,注水时严防敌害生物和野杂鱼进入池中。开始注水深度在 1 米左右,随着鱼体长大,陆续加水至 2 米左右。

（2）施基肥　施基肥是为了使鱼种下塘后能吃到充足的天然饵料,提高鱼种的生长速度。可每 667 米² 施用畜粪 $200\sim300$ 千克,采用全池遍撒或泼洒粪汁的方法;也可每 667 米² 用人粪尿100 千克左右,全池泼洒;混合堆肥每 667 米² 用 $200\sim250$ 千克,全池泼洒;化肥最好当追肥使用。

施肥时间主要根据水温、天气和鱼的种类来决定。主养鲢鱼鱼种,施肥后 $3\sim4$ 天浮游植物达到高峰时即可放鱼;主养草鱼、青鱼、鳙鱼、鲤鱼、团头鲂等鱼种则需 $5\sim7$ 天时间,当浮游动物达到高峰时再放鱼。

3. 夏花鱼种的放养

（1）夏花鱼种的选择　放养夏花鱼种要健壮无病、头小背厚、鳞片不缺、色泽鲜明、行动敏捷、跳跃有力、规格整齐。

（2）放养时间　一般在 5 月下旬至 7 月上旬，在条件允许的情况下，尽可能提早放养，有利于培育大规格鱼种。

（3）放养方式　搭配混养时，主养鱼要先放，2 天后再放配养鱼。尤其是以青鱼、草鱼为主的池塘，青鱼、草鱼应先下塘，依靠青鱼、草鱼的残饵粪便培肥水质，然后再放配养的鲢鱼、鳙鱼、鲤鱼、团头鲂等，这样可使青鱼、草鱼逐步适应肥水环境，也为鲢鱼、鳙鱼等准备了天然饵料。

（4）混养与搭配比例　根据各种鱼类的食性和栖息习性不同而搭配混养。混养种类要选择彼此争食少，相互有利，并有主有次，这样可充分挖掘水体生产潜力，提高饵料、肥料的利用率。

鲢鱼、鳙鱼是滤食性鱼类，食性基本一致，但鲢鱼性情活泼、动作敏捷、争食力强，鳙鱼行动缓慢，食量大，常因得不到足够的饵料使生长受到抑制，所以生产中鲢鱼、鳙鱼很少同池混养，即使混养也要拉开比例。如以鲢鱼为主的池塘，鲢鱼占 60%～70%，搭配 20%～25% 的草鱼或鲤鱼，搭配 5%～10% 的鳙鱼。而以鳙鱼为主的池塘，仅搭配 20% 的草鱼而不搭配鲢鱼。

草鱼和青鱼均喜食精饲料。草鱼争食力强且贪食，而青鱼摄食能力差，故一般青鱼、草鱼不同池混养。如以草鱼为主的池塘，可搭配 30% 的鲢鱼或鳙鱼；而以青鱼为主的池塘，可搭配 30% 的鳙鱼。

鲤鱼是杂食性鱼类，常因在池底掘泥觅食把水搅浑，影响浮游生物繁殖，所以鱼种池中一般不搭配鲤鱼，如要搭配，也不得超过 10%，如果进行鲤鱼单养，可搭配少量的鳙鱼。

综上所述，在鱼种培育阶段，多采用青鱼、草鱼、鲤鱼、鲮鱼、鲫鱼、团头鲂等中下层鱼类，分别与鲢鱼、鳙鱼等上层鱼类进行混养，这样可充分利用底栖生物和中下层的饵料生物,提高鱼池生产力。搭配混养比例参见表7-4。

表7-4　主养鱼和配养鱼比例　（％）

主养鱼及比例		配养鱼及比例						
		青　鱼	草　鱼	鲢　鱼	鳙　鱼	鲤　鱼	鲫　鱼	团头鲂
青　鱼	70	—	—	—	25	—	5	—
草　鱼	50	—	—	30	—	10	—	10
鲢　鱼	65	—	20	—	5	10	—	—
鳙　鱼	65	—	20	—	—	10	—	5
鲤　鱼	70	—	10	—	20	—	—	—
团头鲂	70	—	—	20	—	10	—	—

（5）放养密度　放养密度与计划养成鱼种的规格大小、放养时间的早晚、培育池条件、培育技术等有密切关系。在池塘环境和培育水平相同的情况下,放养密度决定于出塘规格,出塘规格又取决于生产需要。

一般每667米²水面放养夏花鱼种4000～15000尾,出塘规格在10～17厘米。例如,每667米²水面放养夏花鱼种1万尾左右,可养成10～13厘米的鱼种;每667米²水面放养6000～8000尾,可养成13～17厘米的鱼种;每667米²水面放养夏花鱼种4000～6000尾,则可养成100～150克/尾以上规格的鱼种(表7-5至表7-7)。

表7-5　主养鲢鱼、鳙鱼夏花放养量和出塘规格

主养鱼			配养鱼			每667米²放养总量(尾)
鱼　　名	每667米²放养量(尾)	出塘规格(厘米)	种　类	每667米²放养量(尾)	出塘规格(厘米)	
鲢　鱼	6000	16.7	草　鱼	1500	17	7500
鳙　鱼	5000	16.7	青　鱼	1500	17	6500

表7-6　主养草鱼、青鱼夏花放养量和出塘规格

主养鱼			配养鱼			每 667 米² 放养总量(尾)
鱼 名	每 667 米² 放养量(尾)	出塘规格(厘米)	种 类	每 667 米² 放养量(尾)	出塘规格(厘米)	
草　鱼	4000~5000	16.7	鲢鱼或鳙鱼	3000~4000	16.7	7000~9000
青　鱼	3000~4000	16.7	鳙　鱼	3000~4000	16.7	6000~8000

表7-7　一般地区夏花放养量与出塘规格

主养鱼			配养鱼			每 667 米² 放养总量(尾)
鱼　名	每 667 米² 放养量(尾)	出塘规格(厘米)	鱼　名	每 667 米² 放养量(尾)	出塘规格(厘米)	
草　鱼	2000	150 克	鲢　鱼	1000	100~200 克	4000
			鲤　鱼	1000	13~15	
	5000	13.3	鲢　鱼	2000	50 克	8000
			鲤　鱼	1000	12~13	
	8000	12~13	鲢　鱼	3000	13~17	11000
	10000	10~12	鲤　鱼	5000	12~13	15000
青　鱼	3000	150 克		2500	15~17	5500
	6000	13	鳙　鱼	800	125~250 克	6800
	10000	10~12		4000	12~13	14000
鲢　鱼	5000	13~15	草　鱼	1500	50~100 克	7000
			鳙　鱼	500	15~17	
	10000	12~13	团头鲂	2000	10~13	12000
	15000	10~12	草　鱼	5000	13~15	20000

续表 7-7

主养鱼			配养鱼			每 667 米² 放养总量（尾）
鱼 名	每 667 米² 放养量（尾）	出塘规格（厘米）	鱼 名	每 667 米² 放养量（尾）	出塘规格（厘米）	
鳙 鱼	5000	13～15	草 鱼	2000	100～150 克	7000
	8000	12～13		3000	17 左右	11000
	12000	10～12		5000	15 左右	17000
鲤 鱼	5000	12 以上	鳙 鱼	4000	12～13	10000
			草 鱼	1000	50 克左右	
团头鲂	5000	12～13	鲢 鱼	4000	13 以上	9000
	10000	10 以上	鳙 鱼	1000	13～15	11000

以上为二级培育法，即鱼苗养成夏花鱼种（一级），分塘后再养成 1 龄鱼种（二级），这种方式由于夏花放养前期鱼小水大，水体生产力得不到充分发挥。但如放养太密，后期又会因鱼多水小而抑制鱼的生长。因此，有些地区采取三级培育法，即从夏花鱼种养到 5～6.6 厘米后再分塘稀疏 1 次。还有的地区在夏花分塘后，每 15 天拉网 1 次，不断提大留小，大小归队，调整密度，进行多级培育，达到充分发挥鱼池生产潜力和提高鱼种产量的目的。

4. 夏花鱼种的饲养

分塘后，夏花鱼种已能主动觅食，且食量也在日益增大。因此，要根据养殖种类的不同，采用不同的饲养方法，投喂适宜的饲料，并适当施肥。

（1）主养草鱼的饲养方法　草鱼喜生活在较清新的水环境中，以投喂青绿饲料为主，在夏花鱼种下塘后，最好投喂芜萍，平均每日每万尾投 20～25 千克，以后逐渐增至 40 千克。20 天后幼鱼长至 6～7 厘米时，可改喂小浮萍，每日每万尾投 50～60 千克，体长

8 厘米以上时可投喂紫背浮萍、水草和嫩的陆草。日常投喂量的增减，主要根据鱼类的食欲和水温等情况灵活掌握，以当天吃完为度。小草鱼容易暴食患病，成活率很不稳定，提高成活率的关键是投喂适口的新鲜饵料，使其摄食均匀，一般吃八成饱即可。

一般每 10 天施肥 1 次，每 667 米^2 水面施混合堆肥 200 千克。精饲料是池塘饲养鱼种的共同饲料，自夏花鱼种放养后，每日投喂 1 次，每次每万尾投 1.5 千克，以后增至每万尾 2.5 千克，每次先投青绿饲料，让草鱼先吃饱，后投精饲料，以免草鱼与其他鱼争食，保证鲢鱼、鳙鱼的生长。

(2)主养青鱼的饲养方法　夏花鱼种放养后，先用少量豆渣、饼浆等精饲料引诱青鱼到食台吃食，以后每日投喂 2 次豆糊或新鲜豆渣，每次每万尾投喂 2～3 千克豆糊或 10～15 千克新鲜豆渣，亦可少量辅助投喂芜萍。青鱼长至 7 厘米以上时可改喂浸泡磨碎的豆饼、菜籽饼或大麦粉与蚕蛹等的混合糊，每天每万尾 5～6 千克，当青鱼长至 10 厘米以上时，就可投喂轧碎的螺、蚬，每日每万尾投 20～30 千克，以后逐步增加。

(3)主养鲢鱼、鳙鱼的饲养方法　以施肥为主，培养足够的天然饵料。除施基肥外，夏花鱼种放养后，每 7 天施追肥 1 次。每次每 667 米^2 施腐熟的堆肥或粪肥 1000 千克。另外，每日投喂精饲料 2 次，每次每万尾投喂豆饼浆 1.5～2 千克，以后逐步增加到 2.5～4 千克，以鳙鱼为主的池塘投喂量比主养鲢鱼的池塘多些，搭养的草鱼每天要在投喂精饲料之前投喂青绿饲料。

(4)主养鲤鱼、鲫鱼的饲养　鲤鱼、鲫鱼在饲养初期，以摄食底栖动物和浮游动物为主。但天然饵料一般不能满足其需要，还需投喂人工饲料，开始每日投喂 1 次豆渣或其他精饲料，每万尾投 10～15 千克，以后逐渐增加投喂量。

(5)主养团头鲂的饲养　鱼种下塘前，先施基肥，每 667 米^2 水面施腐熟的堆肥 200 千克，培养天然饵料生物。鱼种下塘后，每日投喂豆饼浆 2 次,每万尾用豆饼 1.5～2 千克磨浆投喂,以后可改喂芜萍和小浮萍,饲养后期可投喂紫背浮萍、水草或嫩的陆草。

5. 夏花鱼种的管理

(1)四定投喂 四定投喂可以提高饲料的利用率,是促进鱼类生长,提高鱼产量和防止鱼病的重要措施。

①定位 投喂要有固定的位置,使鱼习惯在一定的地点摄食。一般每 5 000～8 000 尾鱼设 2 个食台。投喂螺、蚬时,将食台沉在水底。投喂草料时,用竹竿扎成三角形或四方形浮框,放在离池边 1 米的向阳处。

②定时 投喂时间应相对固定。首先考虑季节,实行按温度投喂,即在水温高于 30℃ 时,鱼白天摄食不旺,夜间可适当投喂。即使在摄食旺季,增加夜间投喂,也是增产的有效措施。常规投喂一般每日 2 次,以 9～10 时和 15～16 时为宜。青绿饲料以下午投喂为主,即上午投喂精饲料之前只投少量青绿饲料,下午再多投,供鱼类在下午和夜间摄食。

③定质 投喂的饲料首先要保证质量,要求新鲜、干净、适口。青绿饲料要现采现喂,保持鲜嫩。

④定量 根据鱼类需求量和摄食强度,确定适宜的投喂量,避免过多过少或忽多忽少。投喂量应依据不同鱼类、不同规格、不同季节和天气、水温、水质以及鱼类摄食情况灵活掌握。7～9 月份水温一般为 25℃～32℃,鱼类新陈代谢旺盛,摄食力强,是生长的盛期,投喂量要多;发病季节投喂量要少。天气闷热、气压低、雷雨前后要减少投喂量或停止投喂。

每日 16～17 时检查鱼类摄食情况,如投喂的饲料全部吃光,翌日可适当增加或保持原投喂量,如吃不完第二天要酌情减少。

(2)日常管理 鱼种池的日常管理主要有以下几方面。

①巡塘观察 每日早晨和下午各巡塘 1 次,观察水色和鱼的活动情况,决定是否注水、施肥和翌日的投喂量。若发现浮头时间

过长,应立即加注新水;如不浮头说明水质不肥,需追肥。如发现病情,应采取措施治疗。

②适时注水,改善水质　春秋季每15～20天注水1次,每次注水10厘米左右。水质过肥或天热时可多注水,必要时排出一部分老水,再加新水,使水体透明度保持在25～30厘米。草鱼池在8月份至9月初,需要更多地加水调节水质。

③经常清扫食台和食场　要经常清扫或消毒,一般每隔10天清洗1次食台,并经日光曝晒消毒后再使用。经常清扫食台下的残饵等物,随时清除塘边杂草,捞出塘中的草渣、污物等,保持周围环境卫生。

另外,还要搞好防病、防敌害、防洪、防逃工作。

(四)快速培育法

即越过鱼苗到夏花由专池培育的方法,从鱼苗直接养成大规格鱼种,实质上就是稀养促进生长。因此,鱼苗放养密度要稀,每667米² 放养2万～2.5万尾。鱼苗下塘前,施足基肥,培肥水质,肥水下塘。鱼苗下塘前过数,进行混养,但同一塘中,同种鱼苗要一次放足,不同种鱼苗在5天内放齐,以免鱼苗生长差别过大。混养比例如下:主养草鱼时,草鱼占70%,鲢鱼或鳙鱼占20%,鲤鱼占10%;主养鲢鱼时,鲢鱼占70%,草鱼占20%,鲤鱼占10%;主养鳙鱼时,鳙鱼占70%,草鱼占20%,鲤鱼占10%;主养鲤鱼时,鲤鱼占70%,草鱼占10%,鲢鱼或鳙鱼占20%。采用这种方法培育鱼种,对池塘水肥条件和清塘操作要求较高,因前期培育鱼苗小,池塘水体相对大,鱼苗下塘后15天内,施肥培养的天然饵料生物可以满足鱼苗的需要。以后随着鱼苗的生长,要加强投喂,并及时追肥。

(五)高产培育法

为挖掘池塘的生产潜力,提高鱼种产量和规格,适应成鱼养殖对大规格鱼种的需要,很多地区采用高密度混养的高产技术措施,进行大规格鱼种高产培育法,使每 667 米² 的鱼种产量达到 600 千克甚至更高,规格达到 15 厘米以上。这种培育方法适用于鱼种池水系完整、水电路和增氧设施配套水平高的渔场。

1. 设施配套

鱼池水深 2～2.8 米,水源清新,进排水分开;每 2 001～3 335 米² 水面配置 1 台叶轮式增氧机,并依据池塘总动力负荷的 70％配置备用发电设备,以备停电急救之用。

2. 夏花鱼种放养

确定 1～2 种主养鱼,主养鱼夏花鱼种放养密度为 1.5 万～2.5 万尾/667 米²;吃食鱼夏花比肥水鱼夏花提前 20～30 天放养,以免出塘时规格不匀,影响产量。表 7-8 至表 7-12 是高产培育法的几种养殖模式,供参考。

表 7-8　以鲢鱼、草鱼为主的放养与收获(江浙地区)

鱼　名	放　养				收　获			
	每 667 米²放养尾数	体长(厘米)	尾均重(克)	比例(％)	体长(厘米)	尾均重(克)	每 667 米²产量(千克)	成活率(％)
鲢　鱼	10949	2～2.7	0.16	50.8	14	23.7	226.3	87.2
鳙　鱼	1095	2～2.7	0.1	5.1	18	66.7	61.4	84.1
草　鱼	8759	2～2.7	0.14	40.7	15.3	42.3	310.9	83.9
鲤　鱼	730	2～2.7	0.13	3.4	14	63.3	38.3	83.8
合　计	21533						635.8	

表 7-9 以草鱼为主的放养与收获(江浙地区)

鱼 名	放 养				收 获			
	每 667 米²放养尾数	体长(厘米)	尾均重(克)	比例(%)	每 667 米²收获尾数	尾均重(克)	每 667 米²产量(千克)	成活率(%)
草 鱼	6628	4.5	0.77	45	1505	80	120	23
青 鱼	2674	3.4	0.32	18	1193	17	203	45
鲫 鱼	1744	3.3	0.26	11.8	1167	60	70	67
鲢 鱼	2535	3.1	0.24	17.2	2074	100	207.5	82
鳙 鱼	1172	5.2	1.19	8	1101	70	77.5	94
合 计	14753				7048		678	

表 7-10 以鲤鱼为主的放养与收获(北京市郊区)

鱼 名	放 养			收 获		
	每 667 米²放养尾数	体长(厘米)	尾重(克)	尾均重(克)	成活率(%)	每 667 米²产量(千克)
鲤 鱼	10000	4.5	1.0	100	88.2	882
鲢 鱼	200	3.5	—	500	95.0	95
鳙 鱼	50	3.5	—	500	95.0	24
合 计	10250	—	—	—	—	1001

表 7-11　以团头鲂为主的放养与收获(上海市郊区)

鱼　名	放　养			收　获			
	每 667 米² 放养尾数	规格 (克)	每 667 米² 放养重量(千克)	规格 (尾/克)	成活率 (%)	每 667 米² 产量 (千克)	每 667 米² 净产 (千克)
团头鲂	18520	0.21	3.9	26.7	91.4	452.3	448.4
鲢 鱼	2600	6.00	15.6	128.5	93.1	310.8	295.2
鳙 鱼	600	1.50	0.9	108.0	99.4	64.5	63.6
异育银鲫	900	3.5	3.2	83.3	93.0	69.7	66.5
合　计	22620		23.6			897.3	873.7

表 7-12　以异育银鲫为主的放养与收获(天津市郊区)

鱼　名	放　养			收　获		
	每 667 米² 放养尾数	体长 (厘米)	尾重 (克)	尾均重 (克)	成活率 (%)	每 667 米² 产量 (千克)
异育银鲫	10000	6～7	17.5	100	96	965
鲢　鱼	2500	3.5	—	91	82	186
鳙　鱼	250	3.5	—	260	65	43
合　计						1195

3. 施肥　可采用粪肥和化肥相结合的方法,粪肥肥水慢,但肥效持久且稳定;化肥肥水快,但肥效时间短。所以,两种肥料配合使用,可以相互补偿。施肥主要用于鱼种培育前期。施化肥要根据水中饵料生物的多少而定,每次用量不宜过多,一般每次每667 米² 水面施尿素 1.5 千克。

4. 投喂　根据主养鱼不同生长阶段所需营养不同选取相对

应的饲料。在不同生长时期配合饲料时，主养鱼生长所必需的氨基酸要达到要求，营养平衡，动物性蛋白质与植物性蛋白质配合适当。要选取没有受到污染的饲料原料，并且原料不能受潮、生虫、腐败变质。豆粕要经过破坏蛋白酶抑制因子的处理。

采用四定投喂法。在固定投喂点搭饲料架，以便养殖者在上面投喂。每次投喂时间相对固定，2 次投喂间隔时间为 3～4 小时。每次投喂根据鱼体重的大小，控制在鱼体重的 5%～7%，不能饥一顿、饱一顿，以八成饱为准。固定技术熟练的工人进行专职、专塘投喂，不同季节投喂次数（鱼种和成鱼一样）有所不同。每天在投喂配合饲料前辅投青绿饲料 1～2 次，以满足养殖对象生理需求，降低饲料系数。

5. 调节水质

（1）勤加水　下塘初期，为在短期内培育出丰富的天然饵料，池水深度可控制在 1 米左右。随着鱼体长大，水温升高，应逐渐提高水位，7 月份达到最高水位。

（2）泼洒生石灰　由于肥料残渣等有机质的分解和鱼类排泄物的积累，水质渐趋老化，表现为酸碱度、透明度降低，在这种情况下，单靠注少量新水是难以改变水质的，而泼洒生石灰则能产生明显的效果。它不但能提高水的硬度，增加水中的溶解氧，而且能改善浮游生物的种群结构，生石灰用量为每 667 米^2 每次 20 千克左右。

（3）提高水位，增大水体　这主要是充分发挥和利用水体空间，使鱼类活动场所相对宽些，有利于鱼的生长发育。当水深在 2 米以上时，水中生物和理化因子变化较慢，水质较好且稳定。此外，当阴雨天池水溶氧量下降至 3 毫克/升以下时，应及时开增氧机增氧；高温天气，也可在午后开机 1～2 小时。

6. 鱼病防治　采取以防为主，防治结合的综合措施，主要注意以下几点：一是用生石灰彻底清塘；二是注意调节水质，使鱼类处于适宜的生活环境中,减少染病机会;三是精心饲养,饲料要新鲜适口,使鱼体质健壮,增强抗病力;四是在鱼病流行季节,每5～10天泼洒1次漂白粉;五是要派专人管理,早晚巡塘,以便及时发现问题。

（六）并塘越冬

秋末冬初水温降至10℃以下时,鱼已不大摄食,留塘鱼种要捕捞出塘,按种类、规格分类归并,分别集中囤养在于深水越冬池。

1. 并塘越冬时的注意事项　应在水温为5℃～10℃的晴天拉网捕鱼,分类归并。若温度过高,鱼类活动能力强,拉网过程中易受伤;水温过低,特别是严冬和雪天不能并塘,此时并塘鱼体易受冻伤造成鳞片脱落出血,引起翌年春季发生水霉病,降低成活率。拉网时应停食2～3天。

2. 越冬池应具备的的条件　越冬池应选择背风向阳、地势较低、池底平坦并有少量淤泥、池埂坚固、不渗漏的池塘。面积一般为1334～5336米²,水深2.5～3米。高寒地区面积可大些,水深宜深些。放鱼前,越冬池应经彻底清整消毒,并培肥水质。

（七）鱼种出塘和鱼种质量鉴别

1. 鱼种出塘　是指已养成的大规格鱼种转塘养成成鱼、分塘稀养和并塘越冬,凡要出塘的鱼种,都要进行1～2次拉网锻炼。即使是在养殖场内并塘越冬或近距离运输,也应拉网锻炼,否则极易造成伤亡。远距离运输,还应停箱暂养1夜后再起运。

鱼种的计数一般采用重量计数法,首先随机取少量鱼种,量出规格,称其重量,然后计算出每千克的尾数,再计算出总尾数。

2. 鱼种质量的鉴别　根据实践经验,优质鱼种的标准如下:同池同种鱼的规格整齐,大小均匀;体质健壮,背部肌肉丰厚,尾柄肌肉肥满,争食力强;体表光滑、体色鲜明有光泽,无病无伤,鳞片和鳍条完整无损;游泳活泼,集群活动,朔水性强,受惊时迅速潜入水中,在密集环境下头向下,尾不断扇动,倒入鱼盆中活蹦乱跳,鳃盖紧闭。

四、2 龄鱼种培育

我国池塘养鱼的生产周期,即是鱼苗、鱼种到养成食用鱼的过程,一般为 2～3 年。1 龄鱼种经第二年饲养后还不能达到当地市场需要的食用鱼规格,不能上市,而需要转到第三年饲养的鱼种,统称 2 龄鱼种,也叫老口鱼种。成鱼饲养经验证明,放养 2 龄鱼种绝对增重最快,再经 1 年的饲养,草鱼可长到 2～3 千克,青鱼可长到 2.5～3.5 千克,鲢鱼、鳙鱼也能达到 1.5～2 千克。因而适量放养 2 龄鱼种,是成鱼饲养获得高产、稳产的一项重要措施。

(一) 成鱼饲养池套养培育法

所谓套养就是将同一种类不同规格的鱼种按比例混养在成鱼池中,经一段时间饲养后,将达到食用规格的鱼捕出上市,适时补放小规格鱼种,随着鱼类的生长,各档规格鱼种逐级提升,相应长成大中规格鱼种供翌年放养。用这种方法,成鱼饲养池产量中有80%左右上市,20%左右为翌年放养的鱼种,这些鱼种可基本满足成鱼池冬放的放养量。不同的鱼类因食性和生长速度不同,适宜套养鱼种的规格也是不同的,鲢鱼、鳙鱼和鲮鱼宜补放夏花或小规格鱼种;异育银鲫、鲤鱼、团头鲂适宜套放中规格鱼种;对一些成活率波动范围较大的种类如草鱼、团头鲂、青鱼适宜套放大规格鱼种。值得一提的是,由于成鱼池饵料充足,适口饵料来源广泛,套养的鱼种、夏花生长速度和成活率高,这种方法挖掘了成鱼池的生产潜力,降低了生产成本。

(二)专池培育法

成鱼饲养池套养 2 龄鱼种是目前满足鱼种放养的主要方法,但在个别地区还保留专池培育 2 龄鱼种的方法,现简述如下:饲养 2 龄鱼种的放养密度和混养比例,由于各地区的技术和习惯不同而有差别,但都应根据池塘条件、主养鱼类、饲料和肥料来源以及饲养管理水平等决定。一般主养鱼应占 70%~80%,配养鱼占 20%~30%,放养密度以每 667 米² 放 3 000~5 000 尾为宜。

1. 2 龄草鱼的培育

(1)混养模式　见表 7-13。

表 7-13　以草鱼为主的混养模式

鱼 名	每 667 米² 放养			每 667 米² 收获			成活率 (%)
	体长 (厘米)	尾 数	总重量 (千克)	尾均重 (克)	尾 数	总重量 (千克)	
草 鱼	50 克	800	40	300	640	192	80
青 鱼	165	13000	1.05	750	10	7.5	100
团头鲂	11.5	300	2.65	165	190	31.35	95
鲤 鱼	3.3	600	0.15	175	180	31.5	60
鲫 鱼	3.3	120	0.4	125	360	45	60
鲢 鱼	125 克	30	30	500	120	60	100
鳙 鱼	125 克	800	3.75	500	30	15	100
夏花鲢	3.3	2860	0.4	100	760	76	95
合 计			76		2290	458.35	86.25

注:夏花鲢在 6 月底至 7 月初放养,7 月中旬将体重达 500 克以上的鲢鱼、鳙鱼捕出

此外,2 龄草鱼亦可单与鲢鱼、鳙鱼混养,每 667 米² 放养体长 13.2 厘米的草鱼 800~1 000 尾,混养体长 12 厘米的鲢鱼 200 尾、鳙鱼 40 尾。

（2）饲养管理　投喂饲料应根据草鱼的生长情况和饲料的季节性、适口性进行选择，一般在 3 月份开食后，投喂糖糟等饲料，每 667 米² 投 2.5～5 千克，每隔 2 天投喂 1 次；4 月份投喂浮萍、宿根黑麦草、轮叶黑藻等；5 月份投喂苦草、嫩旱草、莴苣叶等。投喂量应根据天气和鱼类摄食情况而定，一般正常天气时以上午投喂到 16 时吃完为度。6 月份梅雨季节，每天投喂嫩草和紫萍，以 3～4 小时吃完为宜；9 月份天气渐凉，投喂量可尽量满足鱼的需要。投喂时应做到"四定"，以免影响水质，并应随时捞除残渣剩草。对草鱼塘中混养的鲢鱼、鳙鱼，一般无需另外投喂，只要视水质的肥度，适当施肥和注水调节水质即可。

2.2 龄青鱼的培育

（1）混养模式　见表 7-14。

表 7-14　以青鱼为主的混养模式

鱼　名	每 667 米² 放养			每 667 米² 收获			成活率（%）
	体长（厘米）	尾　数	总重量（千克）	尾均重（克）	尾　数	总重量（千克）	
青　鱼	13.2	700	14.0	0.35	490	171.5	70
草　鱼	11.5	150	2.15	0.4	105	42	70
团头鲂	10	220	1.85	0.2	198	39.6	90
鲢　鱼	13.2	250	5.65	0.5	238	119	95
鳙　鱼	13.2	37	0.85	0.65	35	22.75	95
鲤　鱼	3.3	500	0.25	0.4	300	120	60
合　计		1875	24.75		1366	514.85	73.5

（2）饲养管理　2 龄青鱼是由摄食精饲料转为摄食螺、蚬等动物性饲料，而且青鱼贪食易生病，因此应掌握新鲜、适时、适量、适口的投喂原则，可采取精饲料领食补食，小螺、蚬开食，逐步投喂

螺、蚬的投喂方法。投喂时重点抓好下几个环节。

一是早开食、晚停食。早春水温低,鱼类活动能力不强、消化能力差,应投喂易消化的饲料,如糖糟、麦粉或麦芽等,为后期投喂豆饼和螺、蚬打下基础。如投放的鱼种规格不一,应在同一池内设置小鱼的专门食台,以免大鱼抢食过饱而患肠炎,小鱼摄食不足而萎瘪死亡。

二是选择适口的饲料。饲料由细到粗、由软到硬、由少到多,逐级交叉投喂。要过好青鱼转食关,必须做到从少到多、从素到荤、素荤结合、逐步过渡和以素补荤。例如,由糖糟、豆饼等转向螺、蚬等动物性饲料时,开始采用糖糟、豆饼等精饲料与蚬秧或轧碎的螺、蚬开食,由于温度低,可 4～5 天投喂 1 次,每次每 667 米² 投 4 千克左右。4 月份改喂轧碎的螺、蚬,每次投喂 25 千克,逐步增加,以 24 小时内吃完为标准。5 月份投喂轧碎的螺、蚬,6 月份开始投喂螺、蚬,隔日投喂 100～150 千克,7～9 月份逐步增加。在发病季节,螺、蚬应少喂,改喂易消化的糖糟、豆饼等。发病季节过后,天气凉爽,是青鱼的旺食季节,投喂量应尽可能满足其需要。

三是要投喂均匀。投喂量根据季节、鱼的生长和食欲来决定,适时、适量地投喂,保证鱼能吃饱、吃匀、吃好,这是提高 2 龄青鱼鱼种成活率的关键。在正常情况下,螺、蚬以 9～10 时投喂、15～16 时吃完为度;精饲料上午投喂,以 1 个小时内吃完为度。若不能按时吃完,则应酌减投喂量;若提前吃完,则应适当增加投喂量。每天具体的投喂量应看天气、水情、鱼情来加以调节,保持鱼吃七八成饱,这样能使鱼的食欲旺盛,有利于鱼的正常生长。按季节的投喂规律是春季投足,夏季控制,秋末多投,冬季不停。宜用配合饲料培育青鱼,配合饲料养鱼效果好,且成本比较低廉,由于螺蛳资源匮乏,几乎要消失的青鱼饲养业由于配合饲料的产生,在长江三角洲一带又重新活跃起来。2 龄青鱼鱼种对原料蛋白质含量要求在 50% 以上,其中动物性蛋白质的比例要多一些。

3.2 龄鲢鱼、鳙鱼的培育　在以鲢鱼、鳙鱼为主养鱼的地区，可设专池饲养 2 龄鲢鱼、鳙鱼鱼种，每 667 米² 放养 13 厘米的鱼种 1500～2 000 尾，饲养到 150～200 克左右出塘，配养其他吃食性鱼种，单产可达 500 千克以上，其中 2 龄鲢鱼、鳙鱼鱼种可达 250 千克以上。

4. 以 2 龄草鱼为主套养成鱼的培育　即在 2 龄草鱼鱼种饲养池充分利用水体空间，进行多品种混养，套入大、中、小（夏花）规格的鱼种同时混养的培育方式。在饲养的中后期随着鱼体长大，捕出已达到食用鱼规格的个体，使池塘不断保持合适的容纳量，因而不同规格的鱼类都能保持较快的增长。长江中下游地区在 7 月份成鱼池扦捕后每 667 米² 套养 50～100 尾当年鲢鱼、鳙鱼夏花，年终出塘时每尾规格可达 0.2 千克左右；在广东地区还可混入鲮鱼和异育银鲫夏花，在产出 2 龄草鱼的同时生产出肥水鱼食用鱼和一批异育银鲫、鲮鱼 1 龄鱼种，取得很高的产量和效益（表7-15）。

表 7-15　以 2 龄草鱼为主的混养模式（广东省顺德市）

鱼　名	每 667 米² 放养			每 667 米² 收获			成活率（％）
	体长（厘米）	尾　数	总重量（千克）	尾均重（克）	尾　数	总重量（千克）	
草　鱼	3～17	1071	32	0.325	1017	330.2	95
鲮　鱼	4.8	10714	14	0.034	10261	347.6	95.8
鳙　鱼	10～17	630	5.7	0.392	589	230.9	93.5
鲢　鱼	7.5	143	1	0.552	139	76.8	97.2
异育银鲫	1.9	1429	0.04	0.05	1175	58.8	82.2
合　计		13987	52.74		13181	1044.3	

第八章 鱼苗、鱼种的运输

鱼苗、鱼种的运输在养殖生产中十分重要，因为鱼苗和鱼种相对于成鱼来说，体弱性娇，生命力较弱，抗逆、抗病性差，极易在运输途中死亡。造成鱼苗和鱼种在运输中死亡的主要原因有缺氧、鱼体损伤以及路途中的颠簸、水温的变化超过鱼苗和鱼种的耐受程度等。如何提高鱼苗和鱼种在运输中的成活率，一直是养鱼生产经营者关注的问题。

一、影响鱼苗、鱼种运输成活率的主要因素

为提高鱼苗、鱼种的运输成活率，在鱼苗和鱼种的运输过程中，不论使用哪种工具和运输方法，都必须严格掌握如下技术要求。

(一)体 质

体质好的鱼苗和鱼种应规格一致，躯体匀称，背尾饱满，鳞、鳍完整无损伤，游动活泼。体质不好会导致不耐操作、易缺氧而引起死亡。

(二)密 度

在起运前，最好做一次装载密度试验，选择合适的密度作为参考。例如，水温在 20℃、运程在 6～8 小时的情况下，0.4 米^3 的帆布篓可装运鱼苗 12 万～15 万尾或 5～7 厘米的鱼种 1 万～1.2 万尾。

(三)拉网锻炼

鱼苗应在肉眼可看到鳔点出齐、开口摄食、体呈淡黑色时起运。如运输时间在 12 小时以上时,体色还应浅些。孵出时间长、体色已经变黑或鳔点尚看不清的鱼苗,不宜长途运输。鱼种起运前 1～3 天必须拉网锻炼,使鱼体预先排空肠内粪便和减少体表黏液,体质结实,习惯密集环境,增强耐低氧能力,适应长途运输,以保持运输途中水质良好,提高运输成活率。一般长途运输需密集锻炼 2～3 次,短途运输 1 次即可。实践证明,鱼苗、鱼种在出塘前,经过拉网锻炼的,其成活率就高,反之就低。

(四)温　度

水温的影响表现在以下两方面:一是水温越高,水中的溶氧量越少;二是水温越高,鱼的活动能力和新陈代谢越强,则鱼的耗氧量越大。运输鱼苗和鱼种的水温一般为 8℃～22℃,在此范围内温度越低越好。运输鱼苗水温应控制在 10℃～20℃,鱼种应控制在 8℃～15℃。0℃以下时,不宜运输。夏季高温时,可用冰块降温运输。

(五)水　质

运输用水要求水质清洁、溶氧量高、无毒无臭味、无任何污染。途中需要换水时,每次换水量一般不超过 1/2,最多不超过 2/3,以防止水环境突变。到达目的地下塘时,应测量水温,运输鱼苗的水温与池塘水温相差不得超过 2℃,运输鱼种的水温与池塘水温相差不得超过 5℃。另外,可以在运输用水中放一定量的食盐,使水的盐浓度达到 1.5%,以调节鱼体内外渗透压平衡和防治鱼种外出血及感染,或者预先放入兽用青霉素或链霉素,每立方米水体400 万～800 万单位,以防鱼病发生和运输中水质变坏。

(六)水中溶解氧

保证鱼苗和鱼种在运输途中有足够的氧气,除密封充氧外,一般可以用击水、送气淋水、换水等方式增氧。有条件的可以带氧气瓶充氧,在不能换新水或缺乏其他增氧设备的情况下,运输途中亦可采取化学增氧的方法来增加水中溶氧量。常用的增氧剂有双氧水、增氧灵等。

二、运输工具及装运密度

(一)帆布桶运输

帆布桶运输的主要工具有帆布桶、击水板、抄海、水桶、胶管等。其特点是运输途中可以换水,适宜长途、短途运输,一般只用于运输鱼种,运输鱼苗时成活率较低。

常用的帆布桶体积为 1 米^3,运输时,先将帆布桶固定在车上,往桶内装入占桶容积 2/3 的清水,然后把过好数的鱼种装入桶中即可起运。为了防止鱼种跳出,应在桶口加盖网片。运输途中不停地用击水板击水,使水桶内的水呈波浪状起伏,增加水中的溶氧量,以保持鱼不浮头为宜。有充气泵的,使用充气泵往水中送气,效果优于人工击水增氧。运输途中如鱼浮头严重,游动无力,体色变淡,要立即换水,换水量为原水量的 1/3～2/3,换入的水要清新、溶氧量高。经常用胶管吸出桶底的鱼粪、死鱼,以防止水质恶化。装鱼密度:每桶可装鱼苗 12 万～15 万尾,乌仔 4 万～6 万尾,夏花鱼种 1.4 万～1.8 万尾,5～7 厘米的鱼种 1 万～1.2 万尾,7～10 厘米鱼种 0.3 万～0.7 万尾。

（二）水桶运输

适用于少量鱼苗、鱼种的短途运输，工具为水桶，一般用自行车运载，也可肩挑。

先往桶内装入占桶容积 2/3 的清水，然后把已过数的鱼种装入桶内，用网片包盖桶口，防止鱼跳出。运输时，如是肩挑，走路时要左右摆动，如用自行车运载，选择路面相对不平整的来走，借以击起水花，增加溶氧量。运输途中休息时不能停留太久，鱼浮头严重时要换水。运输时间为 1 天以内时，每担装鱼量大致如下：装水约 15 升，每桶可装鱼苗 1 万～1.5 万尾，乌仔 1 200～1 500 尾，夏花 500～600 尾，7～10 厘米鱼种 50～80 尾。

（三）尼龙袋充氧密封运输

使用的工具有尼龙袋、氧气瓶、橡皮管、扳手、漏斗、纸箱、棉线等，具有体积小、装运密度大、装卸方便、成活率高等优点，一般不需中途换水，可作为货物利用铁路、航空托运或用汽车装运，一般只用于运输鱼苗和夏花鱼种。

尼龙袋长 70 厘米、宽 40 厘米，装鱼前先检查尼龙袋是否漏气，方法是往袋内吹气，捏紧袋口把袋压入水中看是否有气泡逸出。确认不漏气后往袋中装入占袋容积 1/4～1/3 的清水，然后把漏斗插在袋口上，将已过数的鱼苗或鱼种带水从漏斗装入袋内，使鱼、水总量占袋容积的 1/2～2/5。装鱼密度见表 8-1。

表 8-1　尼龙袋充氧密封运输装鱼密度

运输时间(小时)	装运密度(尾/袋)		
	鱼　苗	夏　花	8.3～10 厘米鱼种
10～15	15 万～18 万	2500～3000	300～500
15～20	10 万～12 万	1500～2000	—
20～25	7 万～8 万	1200～1500	—
25～30	5 万～8 万	800～1000	—

　　装鱼后把袋内空气全部挤出,然后把氧气瓶的塑料导管插入袋内水中缓慢充氧,直到袋表面饱满有弹性为度。充氧后将袋口折叠,用棉线扎紧,静置 1 分钟后检查,如不漏气即可装入纸箱或直接放入垫有稻草的货箱内起运。运输途中经常检查尼龙袋是否漏气,发现漏气时可用胶布封堵漏气孔。

(四)简易集装箱运输

　　用水泵或其他方法向集装箱内注水,注水量与运鱼量相适应,鱼、水总重量不能超过汽车的额定载重量。一般水、鱼比为 1～2∶1,长途运输时水、鱼比例应更大些。装鱼之前必须先充氧 30分钟,然后装鱼、封盖。运输途中必须连续充氧。一般 1 只工业用氧气瓶可充氧 3～5 小时,可调节供气量来控制充氧时间,并根据运输时间确定携带氧气瓶的数量,宜多不宜少,以防途中出现意外延误时间时能有充足的氧气供应。为避免高温,最好在早、晚或夜间运输。

三、运输时的注意事项

　　第一,运输前要做好周密的计划,包括选择可行的运输路线,沿途要具备换水或加水地点等。要根据不同鱼苗、鱼种的差异采用相应的科学有效的运输方法。运输时一定要做到快装、快运、快卸,尽量缩短运输时间。

第二,对开始摄食的鱼苗,在起运前最好先投喂 1 次熟蛋黄,约 50 万尾鱼苗喂 1 个蛋黄,喂后 2～3 小时再换清水起运。

第三,对乌仔、夏花、鱼种等,运输前 1～3 天应拉网锻炼 2～3 次,起运的当天不投喂,运前可先放在清水塘内的网箱中暂养 2～3 小时,使其排出粪便和体表黏液。

第四,注意水温的控制。运输鱼类苗种的适温为 10℃～20℃,在此范围内越低越好,高温天气时在运输过程中要适当降温。

第五,水中溶氧量的控制。如果运输时间较长,可采用换水法、击水法或送气法等增加水中的溶氧量,也可采用化学增氧的方法,如在水中加入 1～5 毫克/升的过硫酸铵。同时,应尽量减少鱼类在运输途中的耗氧量。

第九章　成鱼养殖技术

池塘成鱼养殖的特点是既要求鱼种快速生长达到食用鱼规格,同时池塘单位面积鱼产量又较高。因此,在技术上必须实行混养、密养、施肥投喂和轮捕轮放等措施,才能达到上述要求。

一、成鱼养殖技术相关内容

(一)池塘鱼产力与池塘鱼产量的概念

池塘鱼产力是指在某一时期水体中各种生物和无机物、有机物转化为鱼产品的能力。它的衡量标准是该池塘在一定经营措施下,饲养某种鱼所能提供的最大鱼产量。在粗放养殖中,鱼产力决定于该水体的供饵力和鱼类生活的环境条件;而在投喂养鱼中,则主要取决于饲料的质和量以及鱼类生态环境的优劣。

池塘鱼产量是指在一定时间(多指 1 年)内,池塘单位面积或体积中,某种鱼或某些鱼所增长的重量。其计算方法是从单位面积(或体积)收获鱼产品的重量中减去单位面积(或体积)鱼种放养量。鱼产量是由多种因素所决定的,因此常有较大变动,它是各年度养鱼生产成绩的指标,并不是池塘的固有属性。

(二)影响池塘鱼产量的因素

影响池塘鱼产量的因素主要与地理位置、气象状况、池塘条件、饲料和肥料供应情况、所养鱼的生产性能和养鱼的方式与技术等有关。

1. 地理位置与气象状况 鱼类摄食较强、能够增长重量的时间叫做鱼类的生长期,一般温水性鱼类在 10℃ 以上即开始增长重量。但在生产上有实际意义的较显著的增长则在 15℃ 以上,就一般情况而言,生长期较长的地区池塘鱼产量较高。

气象是由许多自然因素(包括温度、太阳辐射、日照时间、湿度、大气压、雨水、风等)相互作用所形成的,气象状况对生物起着重要的作用,不仅表现为直接影响,而且其间接作用也是多方面的,在池塘中,对鱼产量影响比较重要的因素主要是生长期的长短和生长期中日照时数的多少。

2. 池塘条件 池塘条件中,水质、水量、底质和形态等几项对鱼产量有重要影响。

3. 饲料和肥料供应情况 饲料和肥料是养鱼的物质基础,可以说所有的鱼产量都是用饲料和肥料换来的。池塘鱼产量的高低,主要取决于饲料的数量和质量,而饲料的种类、加工方法和投喂技术,又决定着养鱼的成本和经济效益,精养高产池塘饲料的费用可占养鱼成本的 50%～70%。

施肥则是提高池塘天然饵料数量的主要手段,又是调节池塘水质的重要措施。因此,肥料是养鱼的间接饲料。饲料和肥料的供应是影响鱼类生长和最终鱼产量的最重要因素之一。

4. 所养鱼的生产性能 鱼的生产性能是指它的生长速度、是否耐密养、能否混养、食性和饲料转化率等性状。生长速度快的鱼,生产性能高,但池塘养鱼的产量是由群体产量构成,耐密养的鱼在饲养密度较大的情况下仍能保持健康和正常生长的能力,可以混养的鱼在与其他鱼类混养时能够相互得益而不致发生吞食、咬伤、竞争饲料和空间等不良影响,这样在生长速度相同的情况下,越是耐密养和适于混养的种类,群体生产量或单位水体生产量也可能越高。食物链越短的鱼生产性能越高,在食性相同的情况下,饲料转化率不同又使养殖鱼类具有不同的生产性能,饲料转化率高,则养鱼成本下降,使用同样的投资,可提高产量。

5. 养鱼的方式和技术 同一池塘,养殖同种鱼类,如果养殖方式不同,鱼产量可能相差很大,同属一种经营方式,采取的措施和技术水平不同,鱼产量有巨大的差别。一些现代化的新技术、新方法可大幅度提高鱼产量。

(三)成鱼养殖的综合技术措施

成鱼养殖的综合技术措施,总结为"八字精养法"。其主要内容如下。

水:养鱼池塘的环境条件包括水源、水质、池塘面积和水深、土质、周围环境等,这些条件必须适合鱼类生活和生长的要求。

种:要有数量充足、规格合适、体质健壮、符合养殖要求的优良鱼种。

饵:供应饲养鱼类充足的、营养成分较完全的饲料,包括施肥培养池塘中的天然饵料生物。

混:实行不同种类、不同年龄和规格鱼类的混养。

密:合理密养,鱼种放养密度既较高又合理。

轮:轮捕轮放,在饲养过程中始终保持池塘鱼类较合理的密度。

防:做好鱼类疾病的防治工作。

管:实行精细科学的池塘管理工作。

"八字精养法"全面系统地概括了养鱼高产技术经验,是我国水产科技工作者创造性的总结。对指导群众科学养鱼,推动渔业生产发展起到积极作用。但是,要真正掌握这些经验,必须了解它们之间的相互关系,在生产实践中综合运用,合理安排,才能进一步提高养鱼生产技术水平,获得高产、高效益。"八字精养法"的各个方面,联系密切,构成多层次的网络结构。

第一层次:水、种、饵是池塘养殖的最大基本要素,也是高产、稳产的物质基础。养鱼生产上要求具有较好的水体环境，数量足、规格适宜、体质健壮的鱼种以及价格低廉、营养全面的饲料。

第二层次：混、密、轮，这是养鱼高产的三大技术措施。混养是劳动人民在长期生产实践中，观察鱼类之间的相互关系，巧妙利用有利的方面，尽可能缩小或限制其矛盾或不利的方面，逐步积累起来的宝贵养鱼经验，能充分发挥"水、种、饵"的生产潜力。密养以合理混养为基础，充分利用池塘水体和饲料，发挥鱼类群体的增产潜力。轮养是在混养密放的基础上，延长和扩大池塘养鱼的时间和空间，不仅使混养品种、规格进一步增加，而且使池塘在整个养殖过程中都保持合理的密度，最大限度地发挥水体生产潜力，同时做到均衡上市，确保常年有鱼供应。

第三层次：防、管，这是实现池塘养鱼高产、稳产的根本保证。实践证明，仅有"水、种、饵"的物质基础和运用"混、密、轮"的技术措施还不能保证高产、稳产，只有充分发挥人的主观能动性，通过"防、管"来综合运用这些物质基础和技术措施，才能达到高产、稳产的目的。

池塘养鱼高产的过程，是一个不断解决水质和饲料这对矛盾的过程，合理搭配密养是高产的先决条件，密养后必须大量投喂施肥才能满足鱼类生长所需的饲料，而投喂施肥带来的后果多是容易败坏水质，发生鱼类浮头，这是池塘养鱼创高产的一对主要矛盾，也是具备物质条件情况下能否取得高产的关键所在。在养鱼生产实践中，解决这对矛盾的经验是：水质保持"肥、爽、活"、投喂做到"匀、好、足"。

保持水质"肥、爽、活"，不仅使鲢鱼和鳙鱼有丰富的浮游生物作为饲料，而且草鱼、鳊鱼、团头鲂、鲤鱼、青鱼等在密养条件下也能最大限度地生长，不易患病。投喂做到"匀、好、足"，既能保证投喂的饲料满足吃食性鱼类的摄食需要，又能充分利用饲料，减少鱼类排泄物和饲料的残留量，有利于保持良好的水质。在生产实践中,一是采用"四定"投喂,做到"匀、好、足",并以控制水质;二是采取合理使用增氧机、及时注换新水等措施改善水质,使水质保持"肥、爽、活"。

二、鱼种放养前的准备工作

(一)池塘清整

为了恢复池塘的肥力,改善底质状况,减少泛池危险,提高鱼产量,凡养过鱼的池塘或蓄水多年的池塘,在放养鱼种前都要先进行全面的修整和清理,具体方法可参考鱼苗、鱼种培育的相关内容。

(二)施基肥与注水

池塘养鱼一般均采用多种鱼类混养的养殖方式,其中以浮游生物为主要饵料的鲢鱼、鳙鱼往往占有很大比例。因此,在鱼种放养前,需要在池塘中施基肥,繁殖浮游生物以供鱼类摄食。同时,为保持一定的浮游植物量,以便通过光合作用增氧,故养殖其他鱼类也都要施用一定数量的肥料。

一般池塘应在清塘5~6天以后、鱼种放养7~10天以前施基肥。以有机肥为好,也可施用化肥。在注水以后或注水时施肥为好,可以减少肥分的挥发损失,粪肥如未腐熟则宜在注水前2~3天施入。

池塘注水时间一般也是在清塘5~6天后、春季放养7~10天前进行。春季放养的池塘,如果水源可靠,可以按要求调整水深。在清池后初次向鱼池灌水时,不宜灌得太深,50~80厘米即可,这样水温容易升高,有利于水质转肥和鱼群的摄食成长。以后随着水温的升高和鱼体的增大逐步加水,水温达24℃以上时至6月底,加到最大深度。秋季放养的池塘,池水应一次加到最大深度,以使池鱼在深水中越冬。

为避免野杂鱼类混入池中,在注水时需要用筛网做好过滤工作。

三、放养鱼种规格与养鱼周期

鱼种规格指鱼种的大小,与年龄和饲养方法有密切关系。生产上常用的有 1～2 龄不同规格的鱼种。养鱼周期是指鱼苗养成食用鱼整个过程所需要的时间。我国池塘养鱼的周期一般为 2～4 年,少数为 1 年,其中最后一年(或数月)为鱼种养成食用鱼的阶段,前 1～3 年(或数月)为鱼苗养成鱼种阶段。鱼种规格同养鱼周期有密切关系,因此这里把它们放在一起介绍。

在我国大部分地区,鲢鱼、鳙鱼、鲤鱼、鳊鱼、团头鲂、鲫鱼等的养鱼周期一般为 2 年(少数为 3 年),鱼种为 1 龄(少数 2 龄)。它们的规格分别为:鲢鱼、鳙鱼根据是否轮捕轮放,有体重 0.3～0.4 千克(2 龄)、0.1～0.2 千克和全长 15～17 厘米等不同规格;鲤鱼、鳊鱼、团头鲂全长 10～13 厘米;鲫鱼全长 4～7 厘米;草鱼、青鱼的饲养周期为 3～4 年,鱼种 2 龄以上,体重 0.5～1 千克(青鱼比草鱼大些)。

气候较暖的两广地区,鱼类生长期较长,养鱼周期相应较短,一般为 2 年,部分鲢鱼、鳙鱼为 1 年。鱼种规格分别为:鳙鱼 0.5 千克以上;鲢鱼全长 17 厘米左右,大的 0.15～0.2 千克;草鱼 0.25～0.75 千克;鲮鱼每千克 16～24 尾。

生产上采取这样的养鱼周期和培养方法,选择这样的鱼种规格,主要基于以下原因。

一是根据鱼类生长的一般规律。鱼体越小相对增重率越大,同时食物用于生长所占的比值也越大,因此在养成的食用鱼符合市场要求规格的前提下,以放养低龄的较小鱼种为合适,采取较高的饲养密度,较放养高龄大规格鱼种而密度较小者鱼产量要高,饲料系数也较低。对于主要摄食池塘天然饵料生物的鱼类尤其如此,因为这样可以更充分的利用池塘中的天然饵料,提高鱼产量。因此,鲢鱼和鳙鱼一般都放养1龄鱼种,以较大的饲养密度获得较高的产量。鲤鱼、鳊鱼、团头鲂、鲫鱼等也大都放养1龄鱼种,虽然养成的食用鱼规格小些,但鱼产量高,在经济上是合算的。

二是根据不同鱼类的生长特点。在池养条件下,青鱼和草鱼(特别是青鱼)在高龄期生长速度较鲢鱼、鳙鱼等快,因此饲养周期一般较长,鱼种规格较大。此外,青鱼、草鱼鱼种饲养较困难,目前1龄草鱼和2龄青鱼的成活率很低,鱼病问题未能得到很好的解决,为了经济地利用鱼种,较充分地发挥鱼种的生产潜力,故使其规格大一些,养成的食用鱼也可大些。青鱼、草鱼的食性和鲢鱼、鳙鱼等不同,在饲料中需摄食人工投喂的草类、螺、蚬等饲料,如鱼种规格过小,摄食能力差,对较粗大的饲料不能很好地利用,会影响其生长。因此,必须养成较大规格后才放入食用鱼池塘中饲养,这时鱼种摄食能力强,能取食较粗大的饲料而加快生长。青鱼、草鱼鱼种的大小,不仅关系其本身的生长,而且影响同池混养的鲢鱼、鳙鱼等的生长。青鱼、草鱼鱼种规格大则利用食物的范围广、食量较大,粪便也较多,因此肥水作用大,能使池塘中繁殖更多的浮游生物带动鲢鱼、鳙鱼等一起增产。

三是养鱼措施不同,养鱼周期和对鱼种规格的要求也不同。如轮捕轮放是重要的增产措施之一,由于采取这一措施,食用鱼(主要是鲢鱼、鳙鱼)饲养的时间缩短了,因此要求放养鱼种的规格也较大。广东省的多级轮养制,由于合理调整各级鱼塘的密度,培养鱼种的规格增大了,鱼种和食用鱼饲养的时间也缩短了,这样既提高了鱼产量,又缩短了养鱼周期。从这方面来说,鱼种规格相对较大些对提高鱼产量是有利的。

由此可见,对鱼种规格的要求和养鱼周期的确定,是根据多方面因素决定的,而不是单从某一方面考虑的结果,总的目的是要求在养成食用鱼的规格符合市场需要的前提下,提高池塘单位面积的鱼产量。

四、混养和密养

多品种混养是提高池塘鱼产量的重要措施之一,是我国池塘养鱼的一个显著技术特点,它利用养殖鱼类之间的相互关系,巧妙地运用其相互有利的一面,尽量缩小其矛盾和不利的一面而逐步积累起来的宝贵养鱼经验,并贯穿养鱼生产从亲鱼培育到鱼种培育,再到成鱼养殖的全过程,取得显著的增产效果。

(一)混养的科学依据和意义

1. 提高池塘水体中各种天然饵料的利用率　水体中的天然饵料有浮游生物、底栖动物、水生高等植物(水草)、有机碎屑等几大类。虽然鱼类在一定程度上是广食性的,但由于形体结构和生理特征的不同,各种鱼的食性又有区别,即喜欢摄食某一类天然饵料。如鲢鱼、鳙鱼主要摄食浮游生物;草鱼、鳊鱼、团头鲂主要吃草;青鱼吃螺、蚬等底栖贝类;鲤鱼、鲫鱼除摄食底栖动物外,亦摄食有机碎屑。将这些鱼类混养在一起,就能全面、合理地利用池塘中的各种天然饵料资源,充分发挥池塘的生产潜力。

2. 充分利用池塘水体,提高放养量　从主要养殖鱼类的栖息习性来看,它们分别生活在池塘中的不同水层,分为上层鱼、中层鱼和底层鱼3类。上层鱼以摄食浮游生物的鲢鱼、鳙鱼为代表;中下层鱼则是草食性的草鱼、鳊鱼、团头鲂等;而鲮鱼、鲤鱼、鲫鱼、青鱼等属底层鱼,将这些鱼类混养在同一池塘中,可充分利用池塘各个水层,在不增大各水层鱼种放养密度的情况下,增加全池的鱼种放养量,为提高鱼产量奠定基础。

3. 发挥养殖鱼类之间的互利关系　鱼类的合理混养可以使它们处于一种互为生存、互相促进的生态平衡之中。如草鱼、鳊鱼、团头鲂等吃食性鱼类,其吃剩的残饵和排出的粪便,经生化作用后成为肥料,培育出大量浮游生物,正好作为鲢鱼、鳙鱼的食料。而草鱼食量大,排出粪便多,若单养则水质容易变肥,不适于草鱼喜清水的习性,混养鲢鱼、鳙鱼滤食浮游生物,能起到滤水清肥的作用,又使草鱼能生活在清水环境中,这样一物两用,变废为宝,互相促进,既可减少饲料成本,又可增大放养密度,提高鱼产量。渔谚"一草带三鲢"就是对以上养殖方法的高度概括。对于混养的鲤鱼、鲫鱼、罗非鱼、鲮鱼等杂食性鱼类,可以通过它们的摄食活动消除池塘中的腐败有机物,一可清洁池塘,二可翻松底泥和搅动池水,有助于有机物的分解和营养盐的循环。

生产实践中往往在成鱼塘中混养少量乌鳢、黄颡鱼、鲶鱼等凶猛鱼类,既可清除与家鱼争夺饲料的野杂小鱼虾,提高饲料利用率,又可收获一些经济价值高的优质鱼类,可谓"一箭双雕"。

(二)合理混养的原则

在混养过程中,各种鱼类之间也有互相矛盾和排斥的一面,要限制和缩小这种矛盾,就必须根据自然条件、池塘环境、饲料供应等情况,确定主养鱼和配养鱼的放养密度、规格,合理密养,才能达到相互促进,提高产量的目的。否则混养品种之间发生饲料和水体的竞争,相互破坏生活环境,甚至直接相互侵害,都会影响鱼的生长速度和成活率。因此,要实现合理混养,减少鱼类种间竞争,必须注意以下几方面内容。

1. 种间关系互补作用　混养在于合理的利用池塘天然饵料和水体,这就要求养殖的鱼类在食性和生活环境上必须有一定的分化,各种鱼之间必须基本上是互补关系,而不能是竞争关系。

2. 饵料、水体相对充裕　各种鱼类在食性上和生活环境上的分化并不是绝对的,当饵料不足时,鱼类会从摄食主要饵料转为摄食次要饵料,甚至摄取平时基本不吃的饵料。这样种间关系从原来的互补转为争夺,或者从相对协调转为竞争。在生活环境上,鱼类都有各自的栖息水层,当密度过大时,某一水层的鱼就会侵入邻近区域,而与其他种类争夺水层。如果饵料和水体呈现紧张状态,鱼类习性的分化消失了,混养的积极意义也就随之消失。如鲢鱼、鳙鱼之间,鲤鱼、青鱼之间,草鱼与鳊鱼、团头鲂之间,各种鱼的不同规格之间,都会因此产生竞争关系而限制鱼类生长,最终影响鱼产量的提高。

要避免这一不良后果,首先要求池塘够大、够深,饵料丰富,在饵料种类和生活水层上分化较大,增大混养程度。其次是要限制总的放养量,使之与池塘的生产力相适应。同时,要合理地确定各种鱼的搭配比例,尽量克服种类之间的相互矛盾。

3. 避免种间互相残食　这就要求混养肉食性鱼类必然以不能吃放养的其他鱼种为前提,因为池塘混养的肉食性鱼类多是名贵品种,市场售价高,合理混养有利于提高经济效益。但这些凶猛鱼类也会吃掉其他鱼种,得不偿失。解决的办法是:放养的其他鱼种要比凶猛鱼类的规格大,从规格上的差异来限制凶猛鱼类对其他鱼类的危害。同时,混养凶猛鱼类的池塘,一般是野杂鱼较多或罗非鱼过度繁殖的成鱼池,在放养数量上一定要有所限制。

(三)混养类型和混养比例

1. 混养类型　池塘养鱼一般都混养 7～8 种鱼类,高产池塘多数在 10 种以上,其中以 1～2 种鱼为主,称主养鱼,在数量或重量上占较大比例,而且是饲养管理的主要对象,其余数量或重量较少的混养搭配鱼类称配养鱼,在饲养中不作或较少专门管理,依靠取食部分投喂给主养鱼的饲料或池中的有机碎屑和天然饵料生物而成长。主养鱼固然是饲养的主要对象,对提高产量起着主要作用,但配养鱼也是池塘高产不可缺少的种类。一般来说,配养鱼种类多,增产效果也较大,而且所花成本低,收益较高。

　　主养鱼的选定要根据鱼种来源、饲料供应和池塘条件等情况决定,配养鱼的选定在一定程度上也受这些条件的限制,但主要还视主养鱼的种类而定。如以养草鱼为主的池塘一般多配养鳊鱼、团头鲂,以青鱼为主的池塘多配养鲤鱼。除以鲢鱼、鳙鱼为主的池塘外,其他类型的池塘一般都混养鲢鱼、鳙鱼,鲢鱼、鳙鱼是混养池中必备的鱼类,这主要是由于它们能充分利用池塘中的浮游生物而生长的原因。此外,鲫鱼、鲴鱼、鲮鱼、罗非鱼等都可作为食用鱼池塘混养搭配的种类,可根据具体情况选用。

　　2. 混养比例　各种鱼类的混养比例,因混养类型不同而有很大差别,即使同一混养类型,因肥料和饲料供应情况、池塘条件、鱼种规格及养鱼措施等不同,变动幅度也较大。如鲢鱼、鳙鱼、草鱼等混养的池塘,若肥料来源充裕,施肥量多,可多养鲢鱼、鳙鱼,如果草类饲料多,则可多养草鱼,它们之间没有严格的比例关系。以草鱼和青鱼为主,或草鱼、青鱼并重的池塘,如不施肥或很少施肥,鲢鱼、鳙鱼主要靠草鱼、青鱼、鲤鱼、鳊鱼等摄食人工饲料后排出的粪便肥水而生长,则鲢鱼、鳙鱼和草鱼、青鱼、鲤鱼、鳊鱼之间必须有恰当的比例。否则,如鲢鱼、鳙鱼放养过多,会因天然饵料不足而生长不良,鲢鱼、鳙鱼过少,则不能充分利用浮游生物而影响鱼产量的提高。根据某些地区的生产经验,这样的池塘鲢鱼、鳙鱼可占草鱼、青鱼、鲤鱼、鳊鱼的 1/2 左右,再多则仅凭草鱼、青鱼、鲤鱼、鳊鱼等的粪便肥水作用就不能使鲢鱼、鳙鱼较正常地生长。

　　鲢鱼、鳙鱼之间的比例关系,一般为 3～5：1,鲢鱼多于鳙鱼。珠江三角洲以鲮鱼为主的池塘,鲢鱼、鳙鱼的比例大致为 1：1 左右,鳙鱼放养量增大是由于当地水温高,鳙鱼生长快,轮捕次数多达 4～6 次,产量也高。而鲢鱼的生长不如鳙鱼快。由此可见,混养比例是根据多种因素决定的,在一般情况下,混养比例可参考表9-1 中所列数据决定,然后在实践工作中加以调整。

表 9-1　池塘养鱼混养比例

养殖方式与池塘条件	各种鱼类的搭配比例(%)		
	上层主养鱼	底层主养鱼	底层配养鱼
投喂与施肥的精养池	鲢鱼、鳙鱼占40~50	青鱼、草鱼、鲤鱼占30~40	团头鲂或鳊鱼、鲮鱼或鲴鱼、鲫鱼占20
施肥不投喂的池塘	鲢鱼、鳙鱼占70~85	鲤鱼、鲫鱼、鲴鱼或鲮鱼占10~15	青鱼、草鱼、团头鲂或鳊鱼占5~10
水质较肥的粗放池	鲢鱼、鳙鱼占60~70	鲤鱼、鲫鱼、鲴鱼或鲮鱼占20~30	青鱼、草鱼、团头鲂或鳊鱼占5~10
水质中等的粗放池	鲢鱼、鳙鱼占40~50	鲤鱼、草鱼、青鱼占40~50	团头鲂或鳊鱼、鲴鱼或鲮鱼、鲫鱼占10
水交换快或有微流水、水质清瘦的投喂池	鲢鱼、鳙鱼占10~15	青鱼、草鱼、鲤鱼占70~80	团头鲂或鳊鱼、鲴鱼或鲮鱼、鲫鱼占10~15
水质清瘦的粗放池	鲢鱼、鳙鱼占5~10	青鱼、草鱼、鲤鱼占65~70	团头鲂或鳊鱼、鲴鱼或鲮鱼、鲫鱼占20~25

(四)合理密养

合理密养是池塘养鱼高产的重要措施之一。合理的放养密度,应当是在保证达到食用鱼规格和质量的前提下,获得最高鱼产量的密度。放养密度较低时,鱼类生长速度虽快,但不能充分利用池塘水体和饲料资源,难以发挥池塘生产潜力,单产水平难以提高。增加放养密度,则可弥补这方面的缺陷。

1. 确定放养密度的依据　合理的放养密度应根据池塘条件、养殖种类和规格、肥料和饲料的供应情况以及饲养管理水平等因素来确定。

（1）**池塘条件**　有良好水源、水质的鱼塘，放养密度可适当增加。平时经常注换新水，有利于改善池塘水质。当池鱼缺氧浮头时，可及时注水解救。

（2）**鱼的种类和规格**　混养多种鱼类的池塘，放养量可大于混养种类较少或单养一种鱼类的池塘，因为混养的各种鱼类食性和栖息习性不同，所以可提高总的放养密度。商品规格较大的鱼（如草鱼、鳙鱼等），放养尾数应较少而放养重量较大，体型比较小的鱼（如鲫鱼、团头鲂等），放养尾数应较大而放养重量较小。同种类不同规格的鱼种放养密度也是同样情况，规格大的密度小，规格小的密度应大。

（3）**饲料和肥料的供应量**　在饲养过程中，如能供应较多的饲料和肥料，放养密度就可增大，否则放养密度应减少。

（4）**饲养管理措施**　饲养管理工作精细与否和管理水平的高低，与放养密度有着密切的关系。管理精细、养鱼经验丰富、技术水平高时，放养量可大些；养鱼设备条件较好，如有增氧机和水泵等，能经常开机增氧、换水，也可增加放养量。

在决定放养密度时，历年的不同放养量、产量、产品规格以及其他同类鱼塘的高产经验等，都是重要的依据。一般来说，如果鱼类生长良好，单位产量较高，饲料系数不高于一般水平，饲养过程中浮头次数不太多，说明放养量是适宜的。当然，如果鱼产品规格过大，单位产量不高，表明放养过稀，也要提高放养密度。

合理的放养密度受池塘环境条件、水质、饲料的质和量、混养搭配是否合理、机械化程度和饲养管理水平等多种因素的制约。因此，养鱼生产者应通过改善池塘环境条件，保证投喂饲料的数量和质量，实行多品种混养、合理套养等措施来提高放养密度，以求达到高产、优质、高效的最佳养鱼效果。

2. 各种鱼的放养密度　密养必须在合理混养的基础上，并服从主养鱼的需要来考虑各种鱼的适当放养量。所谓适当就是根据鱼的生长规格和鱼塘水质、水源等客观条件,通过鱼种配套,增投肥料、饲料,增加溶氧量,加强饲养管理等措施,最大限度地提高鱼塘各种鱼的放养量,增加复养次数,这是池塘养鱼增产的关键。

各种鱼类的放养密度,可根据单位面积净产量和该种鱼的养成规格以及养殖成活率,根据下面的公式计算。

某品种的放养尾数＝该品种的净产量/[(养成重量－鱼种重量)×成活率]

使用公式计算放养量需有相当丰富的养鱼经验,因为在多种鱼类混养的情况下,各种鱼的产量、养成规格、生长速度、成活率等指标,常因地区、放养模式和养殖技术水平高低不同有很大变化,应根据当地实际情况灵活运用。

(五)混养模式设计和混养实例

1. 混养模式设计　设计混养模式时,应遵循以下原则:一是每种模式确定 1~2 种鱼类为主养鱼,适当混养配养鱼;二是肥水鱼和吃食鱼之间要有合适比例,在每 667 米² 净产 500~1 000 千克的情况下,肥水鱼占 40%左右,吃食鱼占 60%左右;三是养殖类型和放养密度应根据当地饵肥特点、水环境、池塘条件、机械配套、鱼种条件和管理措施而定;四是同样的放养量,混养种类多(多品种、多规格)比混养种类少的类型互补作用好,产量高。五是为提高产量和效益,要放足大规格鱼种,增加轮捕轮放频率,使池塘载鱼量始终保持合理状态;六是成鱼池套养鱼种年末出塘规格应与年初放养时规格相似,数量应等于或略大于年初放养数量。

2. 混养实例　我国地域广阔,各地消费习惯、自然条件、养殖对象、饵肥来源等都有较大差异,因而形成了各种区域养殖特色。

(1)以草鱼、团头鲂为主的混养模式　这种饲养类型主要对草食性鱼类投喂草料,利用它们的粪便肥水,饲养鲢鱼、鳙鱼,成本低,经济收入较高。这是我国使用最普遍的传统饲养类型,并进一步发展为主养草鱼、青鱼和草鱼、鳙鱼、鲮鱼等各种演变类型（表9-2）。

（2）**以鲢鱼、鳙鱼为主的混养模式**　这是在草源和商品饲料受制约而肥源相对丰富的地区采用的养殖形式，也是我国使用较为普遍的一种传统养殖模式。在华中、四川地区很多池塘依然采用传统的主养鲢鱼、鳙鱼的养殖模式，这种养殖模式投入较少，相对效益较高，但产量较低，随着人们生活水平的提高，对优质鱼的需求增加，以及生产条件的改善，这种类型在发生变化，吃食鱼的放养比例在增加，逐渐演变为肥水鱼和吃食鱼并重的类型（表9-3）。

（3）**以草鱼、鲮鱼、鳙鱼为主的混养模式**　这是我国广东、广西两地典型的养殖模式，珠江三角洲的桑基或蔗基鱼池采用传统的生态养殖形式可以取得很高的产量和效益（表9-4）。

（4）**以鲤鱼为主的混养模式**　鲤鱼是我国北方群众喜食的鱼类之一，以鲤鱼为主的养殖类型多见于淮河以北各省和三北地区。由于高纬度地区气候寒冷，鱼类生长期短，传统的以鲤鱼为主的养殖模式产量也相对较低（表9-5）。

（5）**以异育银鲫为主的混养模式**　20世纪70年代中国科学院水生生物研究所通过杂交组合选育出生产性能优越的异育银鲫，通过科研人员的多年研究，相继发现和开发了数个异育银鲫地方种，使异育银鲫的养殖在全国十几个省、自治区、直辖市迅速推广开来。如今异育银鲫养殖在长江三角洲地区已成为主要养殖对象。异育银鲫在池塘养殖中可以作为配养鱼，与其他鱼类混养，但更多的是主养形式。主养异育银鲫的池塘放养密度高，配养鲢鱼、鳙鱼以改善水质，增氧机配套要完备，使用高质量的配合饲料，可以得到很高的产量（表9-6）。

表 9-2 以草鱼和团头鲂为主每 667 米² 净产 750 千克的混养模式
（长江中下游地区）

鱼 名	每 667 米² 放养			每 667 米² 收获			
	规格（克）	尾数	重量（千克）	规格（克）	尾数	重量（千克）	净产（千克）
草鱼	250～300	120	32	1500～2000	102	185	153
	25～50	250	8	250～500	185	65	57
	9.3	300	2.8	150	167	25	22.2
团头鲂	75	150	11.3	350	136	47.5	36.2
	10	180	1.8	75	153	11.5	9.7
鲢鱼	200	150	30	600	142	85.5	55.5
	50	240	12	750	228	171	159
	夏花	300	0.3	200	180	36	35.7
鳙鱼	200	40	8	650	38	24.5	16.5
	50	60	3	900	57	51.5	48.5
	夏花	80	0.1	200	50	10	9.9
异育银鲫	15	700	10.5	175	665	116.5	106
	夏花	1400	1.4	15	730	11	9.6
青鱼	500	10	5	2500	9	22	17
	25	20	0.5	500	10	5	4.5
鲤鱼	25	50	1.3	750	48	37	35.7
合计			141			904	776

表 9-3　以鲢鱼、鳙鱼为主每 667 米² 净产 500 千克的放养模式
（湖南省衡阳市）

鱼　名	每 667 米² 放养			每 667 米² 收获	
	规格（千克）	尾　数	重量（千克）	毛产量（千克）	净产量（千克）
鲢　鱼	0.203	301	61.15	310.5	234.6
	0.125	197	14.75		
鳙　鱼	0.23	96	22.7	92.3	65.7
	0.04	91	3.9		
草　鱼	0.12	87	10.15	55.4	45.25
鲤　鱼	0.09	49	4.2	21.3	17.1
银　鲴	0.005	1500	8.0	68.5	60.5
鲫　鱼			0.45	10.7	10.25
罗非鱼		500	0.25	25	24.75
团头鲂		30	0.15	7.6	7.35
合　计			125.7		591.2

表 9-4　以草鱼、鲮鱼、鳙鱼为主每 667 米² 净产 750 千克的放养模式
（广东省顺德市）

鱼　名	每 667 米² 放养			每 667 米² 收获			
	规格（克）	尾　数	重量（千克）	规格（克）	尾　数	重量（千克）	净产（千克）
鲮　鱼	50	800	40	175 以上捕出	2100	360	284
	25.5	800	24				
	15	800	12				
鳙　鱼	500	200	100	1000 以上捕出	226	226	122
	100	40	4				

续表 9-4

鱼名	每 667 米² 放养			每 667 米² 收获			
	规格（克）	尾数	重量（千克）	规格（克）	尾数	重量（千克）	净产（千克）
鲢鱼	50	120	6	1000 以上捕出	110	106	100
草鱼	500	100	60	1500	833	125	157
	40	200	8	500	140	100	
罗非鱼	20	100	2	420	100	42	40
银鲫	50	100	5	400	100	40	35
鲤鱼	50	20	1	1000		21	20
合计			270			1020	750

表 9-5　以鲤鱼为主每 667 米² 净产 500 千克的放养模式
（辽宁省宽甸市）

鱼名	每 667 米² 放养			每 667 米² 收获			
	规格（克）	尾数	重量（千克）	规格（克）	尾数	重量（千克）	净产（千克）
鲤鱼	100	650	65	750	590	440	375
鲢鱼	40	150	6	700	145	101	101.5
	夏花	200	—	40	165	6.5	
鳙鱼	50	30	1.5	750	30	22.5	23
	夏花	50	—	50	40	2	
合计			72.5			572	500

表 9-6   以异育银鲫为主每 667 米² 净产 900 千克的放养模式
（江苏省无锡市）

鱼 名		每 667 米² 放养			每 667 米² 收获			
		规格（克）	尾 数	重量（千克）	规格（克）	尾 数	重量（千克）	净产（千克）
异育银鲫		33	2000	66	305	1857	566.4	500.4
	夏 花	3000	6	33	2000	66	60
鲢 鱼	夏 花	775	—	320	625	200	200
鳙 鱼	夏 花	385	—	510	331	169.4	169.4
合 计			72			1001.8	929.8

（6）以罗非鱼为主的混养模式　这是我国南方肥源充足的池塘采用的养殖形式，这类池塘肥源足，适宜饲养罗非鱼。广东省陆丰县南石镇有鱼池 3.7 公顷，承受全镇 4 万人的生活污水和 300 头猪的肥料，每 667 米² 放养 1500～3000 尾规格为 5～7 厘米的罗非鱼鱼种和 50 对亲鱼，同时混养规格为 10 厘米的鲢鱼、鳙鱼和草鱼，其中鲢鱼 300 尾，鳙鱼和草鱼均为 40 尾，每 667 米² 可产商品鱼 1000～1500 千克。

五、轮捕轮放

轮捕轮放就是在一次或多次放足鱼种的基础上，根据鱼类生长情况，到一定时间捕出一部分达到上市规格的食用鱼，再适当补放一些鱼种，以保证较合理的养殖密度，有利于鱼类生长，从而提高鱼产量，同时保证常年有鲜活鱼上市，适应市场需求，还能为翌年生产提供充足大规格鱼种的养殖方式。

（一）轮捕轮放的主要作用

1. 充分发挥池塘生产潜力　轮捕轮放使池塘在饲养过程中始终保持较合理的密度,充分发挥池塘生产潜力。前期鱼体小,活动空间大,可以多放一些鱼种。随着鱼体长大,分批适量将达到上市规格的商品鱼及时捕出,可以降低池塘鱼的密度,使池塘容纳量始终保持在最大限度以内,鱼类在较合理的密度下继续生长,从而取得较高的鱼产量。

2. 提高饲料利用率　轮捕轮放能进一步增加混养种类、规格和数量,提高池塘的利用率。利用轮捕控制鱼类生长期的密度,以缓和鱼类之间(包括同种异龄)在食性、生活习性和生存空间上的矛盾,发挥"水、种、饵"的生产潜力。

3. 为稳产、高产奠定基础　轮捕轮放有利于培育优质的大规格鱼种,为稳产、高产奠定基础。适时捕捞达到商品规格的食用鱼,使套养的鱼种迅速生长,培育成大规格鱼种,满足成鱼养殖的需要。

4. 提高经济效益　轮捕轮放能做到常年有鲜活鱼上市,改变过去水产品供应淡旺不均、旺季鱼多价低的情况,从而稳定了鱼价。对养殖者来说,轮捕轮放也有利于加速资金周转,为扩大再生产创造条件。

（二）轮捕轮放的对象和时间

凡达到或超过商品鱼标准,符合出塘规格的食用鱼都是轮捕对象。在实际生产中,各种混养鱼类轮捕轮放的主要对象是鲢鱼和鳙鱼,因为精养塘中鲢鱼、鳙鱼在合理的池塘容量范围内终年生长,因而轮捕周期长,轮捕频率高。轮捕后补放的鲢鱼、鳙鱼夏花或 1 龄鱼种生长快、成活率高。其次是草鱼,原因是草鱼生长喜清水,而夏季高温水质肥,生长速度变慢,此时捕出部分草鱼,可降低池塘载鱼量,有利于促进小规格草鱼和其他鱼类生长。草鱼一般只进行轮捕,不补放鱼种。鲤鱼、鳊鱼、团头鲂、鲫鱼因生长较慢,均在年底一起捕起,但如果放养隔年的大规格鱼种,同样可以进行轮养,增加产量。若混养罗非鱼,也须及时将达到食用规格的鱼分批捕出,让小鱼留池饲养。如放养密度不太大,不至于超出最大容纳量而影响鱼类正常生长,就不一定要轮捕,除非要提前供应市场,或有大规格鱼种补放。近几年来,随着颗粒饲料的普及,鲤鱼、鲫鱼和罗非鱼等吃食性鱼类在高密度精养的条件下也应用轮捕轮放形式,通过分散捕捞和补放鱼种的方法,实现高产、高效。

(三)轮捕轮放的方法

1. 捕大留小　一次性放足不同或相同规格的鱼种,饲养到一定时期,分批捕出部分达到食用规格的鱼类,不补放鱼种,让较小的鱼留在池中继续饲养。

2. 捕大补小　分批捕出达到规格的食用鱼后,同时补放鱼种(若补放夏花,一般称套养),这种方法产量较高。补放的鱼种视规格大小和生产目的,或养成食用鱼或养成大规格鱼种,供翌年放养。套养的夏花,视密度大小,养成大规格鱼种或一般的冬花鱼种。

如江浙地区一般1年轮捕4～5次,轮放1次。第一次捕鱼在6月上中旬,将0.5千克以上的鲢鱼、鳙鱼捕出上市;7月中下旬第二次捕出0.5千克以上的鲢鱼、鳙鱼和125千克以上的草鱼。随后每667米²补放鲢鱼100～200尾(规格0.1～0.2千克),并套养鳙夏花100尾左右,至年底主要养成供翌年第一批放养的大规格鱼种,少数池塘轮捕后套养鲢夏花或鳙夏花,每667米²放养4 000～5 000尾,至年底养成全长12～13厘米的冬花鱼种;8月底至9月初,捕起达食用规格的鲢鱼、鳙鱼、草鱼、少量团头鲂(0.55千克以上)和0.1千克以上的罗非鱼;10月中下旬天气转冷,水温降低,故应将罗非鱼全部捕出,并将达到食用规格的鲢鱼、鳙鱼、草鱼、团头鲂捕出上市;最后在年底干池捕捞,将全部鱼类捕净。

江浙地区有些池塘实行1年养2批食用鱼(主要是鲢鱼、鳙鱼)的方式,即所谓的双季塘放养,产量亦较单季塘高。珠江三角洲地区利用当地气候较暖,鱼类生长期较长的有利条件,1年中养成数批食用鱼(主要是鳙鱼),其方法与上述轮捕轮放有所不同,在混养的池塘中,每种鱼只放养1种规格,经1个月至数月的饲养,达到食用规格后,即将此种鱼全部捕出,再放养一批鱼种,各种鱼有不同的养鱼周期,1年中饲养的批数不一样,从而共同组成整个池塘的轮捕轮放,其较先进的方法就是所谓的多级轮养法。

(四)轮捕轮放的技术要点

轮捕轮放多在天气炎热的夏秋季捕鱼,又称捕热水鱼。由于这时水温高,鱼的活动能力强,耗氧量大,不能忍耐较长时间的密集,而且此时捕入网内的鱼大部分是要还塘饲养的,如在网内时间过长,很容易受伤或缺氧窒息,诱发鱼病。因此,捕热水鱼是一项技术性较高的工作,要求捕捞人员技术娴熟,操作细致,配合默契,尽量缩短捕捞持续时间。

1. 捕鱼前的准备　在捕鱼前数天,要根据天气情况适当控制施肥量,以确保捕捞时水质良好。捕鱼前一天应适当减少投喂量,以免鱼饱食扦捕时受惊扰跳跃造成死亡。扦捕前还要将水面的草渣污物捞清,使捕鱼操作顺利进行。

2. 捕鱼操作　捕鱼时间要求在天气凉爽、水温较低、溶氧量较高时进行,阴雨天或鱼有浮头征兆时不能动网捕捞。一般在下半夜至黎明或清晨捕捞,也可以在下午捕捞。但傍晚不能拉网,以免引起上、下水层对流,搅动底泥,加速池水溶解氧消耗,造成池鱼缺氧浮头。如果池鱼有浮头征兆或正在浮头,则严禁拉网捕鱼。

捕捞时用网将鱼围集后,应迅速轻快地将未达上市规格的鱼拣回池塘中,避免密集过久而伤亡,或影响以后的生长。

3. 捕鱼后的处理 捕鱼后,由于翻动池底淤泥,使水质浑浊,耗氧增加,必须立即加注新水或开动增氧机,增加池水溶氧量,防止鱼类浮头,同时使鱼有一段顶水时间,以冲洗鱼体因扦捕而过多分泌的黏液。在白天水温高时捕鱼,一般需加水或开增氧机 2 小时左右;在夜间捕鱼,加水或开增氧机一般要待日出后才能停泵关机。

六、施肥与投喂

池塘养鱼实行密放混养,各种鱼类的食性差异较大,对营养要求亦不相同,为了使它们能够较好的生长,必须采取施肥和投喂的方法,以满足各种鱼类的营养要求,适时适量的施肥、投喂是池塘养鱼的重要技术措施之一。

(一)施　肥

施肥实际上是间接投喂,池塘施肥是为了补充水中的营养盐类和有机物,培养浮游生物、附生藻类和底栖生物等鱼类天然饵料。有机肥中的有机碎屑和附着的微生物也可作为鱼类的饵料,这些饵料资源可以被鲢鱼、鳙鱼、鲤鱼、鲫鱼、罗非鱼等鱼类利用,由于天然饵料的营养成分完全,因此养鱼效果较好,施肥始终是池塘养鱼高产的重要措施。

肥料分为有机肥和无机肥 2 类,池塘施肥的方法分为施基肥和施追肥 2 种。

1. 施基肥 瘦水池塘或新建池塘必须施基肥。基肥最好采用有机肥,施用时间宜早,数量一般每 667 米^2 施 500～1 000 千克,占全年施肥量的 50%～60%。另外,要根据池塘淤泥深浅和养鱼时间的长短而定,养鱼多年的池塘,淤泥较多,水质较肥,这样的池塘可以少施甚至不施基肥。有条件的地方,都应当争取施足基肥。

2. 施追肥　在养鱼过程中,为了不断补充水中的营养物质,使天然饵料生物繁殖不衰,需施追肥。施追肥应掌握及时、均匀和少量多次的原则。当水色开始变淡时就要及时施肥。施肥量与施肥次数应随水温、天气、养殖鱼类的不同而灵活掌握。具体的追肥量要根据水质、天气和鱼的活动情况而定,池水以保持"肥、活、嫩、爽"为好,平时以池水的透明度来判别是否需要追肥和肥料用量,透明度一般为 25～40 厘米为宜,低于 25 厘米则表示水质过肥,高于 40 厘米表示水质偏瘦,这时就要施用追肥了。

池塘追施有机肥效果良好,一般情况下,每 667 米^2 每次施用 50～100 千克为宜,猪、马粪比人粪尿肥效差,施用量可达到人粪尿的 2 倍。绿肥由于耗氧强烈,一般作混合堆肥使用,很少直接施入鱼池。

池塘施无机肥的效果远不如有机肥,因此不能用无机肥代替有机肥,但在以有机肥为主的情况下补施磷肥却有很好的效果,用量为每次每 667 米^2 施 3 千克(有效磷计为 1 毫克/升)。

(二)投　喂

在混养密放的高产鱼塘中,鱼类能得到的天然饵料是很少的,要使养殖鱼类得到充足的饲料,较快地生长,必须合理投喂饲料,并辅以适量施肥,才能确保养殖产量。要做到合理投喂饲料,就要求养鱼生产者正确掌握投喂技术,保证投下的饲料既让养殖鱼类吃好、吃饱,又不浪费,发挥最大的经济效益。

1. 全年投喂计划的制定　为了做到计划生产,确保饲料充足和均匀投喂,必须在放养鱼种时做好全年投喂计划。全年投喂量是根据养鱼的计划产量、各种鱼的计划增重量和饲料系数确定的。

例如,计划全年净产草鱼 200 千克,每增重 1 千克草鱼,需耗精饲料 2 千克,青绿饲料 15 千克,则全年需投喂精饲料 400 千克,青绿饲料 3 000 千克。其他鱼类饲料量也可依此计算。

但是由于池塘养鱼是混养方式,混养的品种很多,各种鱼同吃一个"灶",而且吃食性鱼类与滤食性鱼类之间又有互利关系,因此在生产实践中,一般是依据现有饲料种类(青绿饲料、精饲料和肥料)以及在饲养实践中已经取得的实际效果规划全年的投喂量。

2. 日投喂量的确定　每日投喂养鱼的饲料重量为日投喂量,是以池塘中在养的吃食性鱼类体重和水温为主要依据而确定的。在生产实践中,由于放养的鱼类日益生长,日投喂量必须随之而调整。一般以 10 天左右为 1 个周期计算,计算公式如下。

日投喂量＝在养吃食性鱼类重量×投喂率

(1)投喂率的确定　投喂率是指在养的吃食性鱼类摄食人工饲料的重量占该类鱼体重的百分比。投喂率一般是依据水温和吃食性鱼类规格大小而定,最适宜生长的水温投喂率高些,否则低些;规格小的鱼投喂率高些,否则低些。此外,投喂率与饲料的质量也有关系,一般全价饲料投喂率可低些,混合饲料要高些。

(2)养鱼类总重量的预测　在养的吃食性鱼类总重量等于放种重量加增重量减去起水量,在这里,放种重量和起水量都有记录可查,但增重量主要是凭借历年积累的经验来估计。此外,亦可以根据饲料系数和实际投喂量的记录计算出增重量。

3. 灵活掌握实际投喂量　上述关于投喂率的确定和日投喂量的计算,都是排除了池塘生态环境来考虑的。其实在生产实际中的投喂量必须根据鱼的摄食情况、天气、水温、水质等具体条件灵活掌握。

(1)鱼的摄食情况　如果在投喂后,鱼很快吃完饲料,应适当增加投喂量。如日投喂 2 次,一般以 3～4 小时吃完为度。一般来说,傍晚检查食场或食台时,应以没有剩余饲料为好。

（2）天气情况　天气晴朗时可多投喂饲料,阴雨天少投,天气不正常、气压低、闷热雷阵雨前后或大雨时,应暂停投喂,雾天气压低,须待雾散后再投喂。天气不正常时,水中溶氧量少,鱼若摄食过多,容易引起浮头泛池;或者因鱼食欲降低,饲料吃不完而有较多剩余,导致水质败坏。

（3）水质情况　水色好可正常投喂;水色过淡,表明水质较瘦,应增加投喂量;水色过浓,则说明水质太肥,应减少投喂,并加注新水。水质恶化最明显的指标是水中溶氧量下降,这对鱼类消耗饲料的强度产生很大影响。一般要求水中溶氧量在 5 毫克/升以上,即使耐低氧的罗非鱼,也要求水中溶氧量在 3 毫克/升以上,才能维持良好的摄食与生长。

（4）水温情况　在一定的水温范围内,鱼类的能量代谢率随水温升高而增大,到一定水平后,代谢率趋于下降。如四大家鱼最适宜的水温为 25℃～32℃,水温在这一范围内可多投喂。水温过高或较低时,须减少投喂量。

总之,为了提高饲料的利用率,降低饲料系数,养好各种鱼类,发挥饲料的最大效率,投喂饲料一定应遵循"四定"的原则,保证让养殖鱼类吃好、吃饱。

4. 投喂饲料的季节安排　鱼的摄食量及其代谢强度是随水温变化而变化的,应根据各种鱼类的生长情况来确定不同季节的投喂量。在一年中投喂,应掌握"早开食,晚停食,抓中间,带两头"的投喂规律,具体安排如下。

（1）冬春季节　冬季和早春气温、水温均低,鱼类摄食量少,一般可不投喂。但在无风的晴天,温度升高时,应及时投喂少量精饲料,对草鱼可投喂些青草、菜叶。冬季投喂不但可保持鱼体不致消瘦,而且可以增重,对提高成活率和促进鱼类生长都有好处。对刚开食的鱼宜投喂糟麸类饲料,以便于鱼类摄食,而且容易消化吸收,但应避免大量投喂,防止鱼类摄食过量而胀死。

3月份以后,当水温回升至15℃以上时,应逐渐增加投喂量,并可投喂鲜嫩的青草、菜叶。谷雨至立夏(4月下旬至5月上旬)时节,水温继续升高,鱼的食欲增大,投喂量要相应增加。但这一时期是鱼病发生较严重的季节,应适当控制投喂量,并保证饲料新鲜、适口和投喂均匀。

(2)炎夏季节　进入夏季以后,水温逐渐升高至30℃左右,鱼体生长最快。天气正常,无浮头危险时,可大量投喂(梅雨季节要控制投喂量),尤其是青绿饲料,此时数量足、质量好,且水质较清新,应投足青绿饲料,主攻草鱼,加速生长,务必使年初放养的大规格草鱼鱼种在9月底前大部分达到商品规格上市,降低池塘中草鱼的密度。因为白露以后,由于前段大量投喂的结果,水质逐渐转浓,青草类也日渐衰老、质量差,如果这时才抓草鱼吃食就太迟了。夏季水温高须密切注意天气和水质变化,特别是处暑前后,天气变化较大,容易发生浮头死鱼,应控制投喂量,不让鱼吃夜食,并经常加注新水。

(3)秋凉季节　秋分以后,天气转凉,水温逐渐降低,但仍有近2个月的时间水温在25℃左右,鱼生长也快,加上鱼病较少,天气正常时可大量投喂,让鱼日夜摄食,促进所有鱼类生长,这对提高产量作用很大。但是,要严禁吃"叠食"(即塘中饲料未吃完,又投上新饲料),以免饲料变质。

立冬以后,水温渐低,但鱼仍会摄食,应适量投喂,到收获前停食,保持鱼不掉膘。

投喂饲料还要做到精饲料和青绿饲料结合。投喂精饲料要做到富含蛋白质精饲料与富含淀粉精饲料相配合,粉状精饲料与粒状精饲料相配合,小颗粒饲料与大颗粒饲料相配合,以便大小规格的各种鱼类都能吃饱、吃好。

七、池塘管理

"管"是八字精养法的最后一个字,一切养鱼的物质条件(水、种、饵)和技术措施(密、混、轮),最后都通过日常管理充分发挥其效能,从而达到增产低耗的目的。

(一)池塘管理的基本要求

池塘养鱼是一项技术复杂的生产活动,它涉及气象、水质、饲料、鱼类个体与群体之间的变动情况等各方面因素,这些因素互相影响,并时刻变动。因此,管理人员要全面了解养鱼全过程和各种因素之间的联系,细心观察,积累经验,摸索规律,根据具体情况的变化,采取与之相适应的技术措施,控制生态环境,夺取养鱼稳产、高产。

(二)池塘管理的基本内容

第一,要经常巡视池塘,观察池鱼动态,每天早、中、晚坚持各巡塘 1 次。黎明时观察池鱼有无浮头现象,浮头程度如何,以便决定当天的投喂施肥量;14～15 时是一天中水温最高的时候,应结合投喂和测水温等工作,检查池鱼活动和摄食情况,以判断鱼类是否有异常现象和鱼病的发生;近黄昏时检查全天摄食情况,看有无残饵和浮头预兆。高温酷暑季节,天气突变时,容易浮头,还须在半夜前后巡塘,巡塘时要注意观察水色变化、鱼的活动等,发现异常及时采取措施。

第二,要根据天气、水温、水质、季节、鱼类生长和摄食情况,确定投喂、施肥的种类和数量。在高温季节要准确掌握投喂量,尽量使用颗粒饲料,不使用粉状饲料,停止施用有机肥,改施化肥,并以磷肥为主。

第三,掌握池水排注量,注意调节水质,保持适当的水量。根据情况,每 10～15 天注水 1 次,以补充蒸发损耗,并经常根据水质变化情况换注新水,定期泼洒生石灰水,改良水质。做好池埂维修和防旱、防涝、防逃工作。

第四,做好鱼池清洁卫生工作,随时除去池边杂草和池面污物,保持池塘环境卫生。若发现死鱼必须及时捞出,病鱼必须及时检查和治疗。

第五,防止逃鱼和其他意外事故发生,做好池塘日记记录和统计分析工作。

(三)增氧机的合理使用

增氧机是一种可有效改善水质、防止浮头、提高产量的专用养殖机械,具有增氧、搅水和曝气三方面的作用。目前,我国可生产喷水式、水车式、管叶式、涌喷式、射流式和叶轮式等多种增氧机。从改善水质、防止浮头的效果看,以叶轮式为好,目前采用较多的也是叶轮式增氧机,增氧效果较为理想,一般每 667 米^2 装机量为 0.3～0.4 千瓦。

合理使用增氧机的方法是:晴天中午开机,阴天清晨开机,连绵阴雨半夜开机;晴天傍晚不开机,阴天白天不开机;浮头早开机,轮捕后及时开机,鱼类生长季节(6～9 月份)天天开机。

增氧机的运转时间,半夜开机时间长,中午开机时间短。施肥、天气闷热、面积大或负荷大则开机时间长;不施肥、天气凉爽、面积小则开机时间短。

(四)防止鱼类浮头

水中溶氧量低时鱼类无法维持正常的呼吸活动,被迫上升到水面利用表层水进行呼吸,出现强制性呼吸,这种现象称为鱼类浮头。鱼类出现浮头时,表明水中溶氧量已下降到威胁鱼类生存的程度,如果继续下降,浮头现象将更为严重,如不设法制止,就会引起全池鱼类的死亡,即泛池。由于鱼类浮头时不摄食,体力消耗很大,经常浮头严重影响鱼类生长,因此要防止浮头的发生。

1. 形成浮头的原因　池塘养鱼中,造成池水溶氧量急剧下降而导致鱼类浮头的原因有以下几方面。

一是池底沉积大量有机物,当上、下水层急速对流时,造成溶氧量迅速降低。成鱼池鱼类密度大,投喂施肥多,在炎热的夏天,池水上层水温高,下层水温低,出现池水分层现象,表层水溶氧量高,下层水由于光照弱,浮游植物光合作用减弱,溶氧量较低,有机物处于无氧分解过程,产生了氧债,当由于种种原因引起上、下水层急剧对流时,上层水中的溶解氧由于偿还氧债而急剧下降,极易造成鱼类浮头。

二是水肥鱼多,当天气连绵阴雨,溶氧量供不应求,会导致鱼类浮头。

三是水质老化,长期不注入新水,导致浮游植物生活力衰退,当遇到阴天光照不足时会引起大批死亡,继而引起浮游动物死亡,池水的溶氧量急剧下降,并发黑、发臭而败坏,常引起鱼类泛池。

四是在高温季节,大量施用有机肥,会使有机物耗氧量上升、溶氧量下降而出现鱼类浮头,特别是施用发酵肥料时情况更为严重。

2. 浮头的预测　鱼类浮头前有一定的预兆,可根据季节、天气、水色以及鱼类摄食情况预测。

(1)季节　4～5月份水温逐渐升高,投喂量增大,水质逐渐转浓,如遇天气变化鱼容易发生暗浮头。梅雨季节光照弱,水生植物光合作用差,也容易引起浮头。夏季有时天气变化剧烈,更容易引起浮头。

(2)天气　根据天气预报和当天天气情况预测,如夏季傍晚下雷阵雨,天气转阴;或遇连绵阴雨,气压低,风力弱,大雾天等;或久晴未雨,鱼摄食旺盛,水色浓。一旦天气变化,翌日清晨均可能出现浮头。

(3)水色　水色浓,透明度小,或产生"水华"现象,如遇天气变化,易造成浮游生物大量死亡而引起泛池。

(4)鱼类摄食情况　检查食场时,发现饲料在规定的时间内没吃完,且又没有发现鱼病,说明池塘溶氧量低,容易引起鱼类浮头。

此外,可通过观察草鱼摄食情况来判断,在正常情况下,一般食场上不见草鱼,只见草堆在翻动或草被拖至水下。如果草鱼在草堆边吃食,甚至嘴里叼着草满池游动,表明池塘溶氧量小,容易发生浮头。

3. 浮头的预防　防止浮头的方法主要有以下几点:一是池水过浓应及时加注新水,提高透明度,改善水质,增加溶氧量;二是天气连绵阴雨,应经常、及时开增氧机增加溶氧量;三是夏季若傍晚有雷阵雨,应在中午开增氧机,降低上、下水层的溶氧差;四是估计鱼类可能浮头时,应停止施肥,并根据具体情况控制投喂量,避免鱼吃夜食,捞出余草,以免妨碍鱼类浮头时游动和影响池塘注水。

4. 浮头轻重的判断　池塘鱼类浮头时,可根据以下几方面情况加以判断。

(1)浮头开始的时间　浮头在黎明时开始为轻浮头,如在半夜开始为严重浮头。浮头一般在日出后会缓解和停止,因此开始得越早越严重。

(2)浮头的范围　鱼在池塘中央部分浮头为轻浮头,如扩及池边或整个鱼池为严重浮头。

(3)鱼受惊时的反应　浮头的鱼稍受惊动,如击掌或夜间用手电筒照射即下沉,稍停又浮头,是轻浮头,如鱼受惊不下沉,为严重浮头。

(4)浮头鱼的种类　缺氧浮头,各种鱼的顺序不一样,可借此判断浮头的轻重。鳊鱼、团头鲂浮头,野杂鱼和虾在岸边浮头,为轻浮头;鲢鱼、鳙鱼浮头为一般性浮头;草鱼、青鱼浮头为较重浮头;鲤鱼浮头为重浮头。如草鱼、青鱼在岸边，鱼体搁在浅滩上，无力游动，体色变淡(草鱼呈微黄色，青鱼呈淡白色)，并出现死亡，表示将开始泛池。

5. 浮头的解救　发生鱼类浮头时应及时采取增氧措施，常用的方法有以下几种。

(1)加注新水　既可增加溶氧量，又可改良水质，还能加深池水，增大鱼类的活动范围。最好是加注附近河流或水库的清新水，也可以用邻近水质较好的塘水。加注的新水应向鱼塘水面平冲出，形成一股较长的水流，使鱼群聚集在这股溶氧量较高的水流处，避免泛池死鱼。无水源的池塘可采用抽本塘水的办法，让水泵的出水口比水面高出 1 米左右，喷水入塘，亦可起到增氧的作用。

(2)开增氧机　通过增氧机搅动水体，增大水体与空气的接触面，提高水中溶氧量。

(3)化学增氧　借助一些化学试剂，在水中发生化学反应而产生氧气。主要使用的有过硫酸铵和过氧化钙等。

(4)其他应急措施　若无增氧设备或来不及增氧，也可采取如下简单措施。每 667 米^2 水面用黄泥 10 千克加水调成糊状，再加食盐 10 千克；或用上述黄泥水加人粪尿数十千克；或用食盐、明矾(3～5 千克)、石膏粉(3～4 千克)等拌匀后全池泼洒。其作用是使水中悬浮的有机颗粒和胶体凝结沉淀，减少溶氧消耗。

(五)定期检查鱼体，做好池塘日志

一般情况下，每隔一定时间(15～30 天)或结合轮捕检查鱼体成长度，以此判断前阶段养鱼效果的好坏，同时结合其他情况，在必要时对下阶段的技术措施进行调整。发现鱼病也能及时治疗。

池塘日志主要是对鱼种、饲料、肥料、药物防治以及产出等的简明记录，以便分析情况、总结经验、调整养殖措施。同时，为实行生产质量安全监控、实现水产品生产可追溯系统提供原始记录。

第十章　鱼病生态防治技术

一、导致鱼病发生的因素

鱼病发生的原因是鱼类在致病因子作用于鱼体后,扰乱鱼类正常生命活动的一种异常状态。一切干扰鱼体的因子,包括病原生物、养殖水环境因子(物理和化学的)、鱼体自身的生理失调(新陈代谢紊乱、免疫力下降)等都可能引起疾病。换句话说,疾病是病原、环境、鱼体相互作用的结果,这三者相互影响决定疾病的发生和发展。

(一)水环境因素

鱼类是终生生活在水中的水生动物,其摄食、呼吸、排泄、生长等一切生命活动均在水中进行,水环境对鱼类生存和生长的影响程度超过对任何陆生动物的影响。

1. 水温　鱼是变温动物,体温的升降随其生活水体的水温变化而改变,但不同种类有不同的适温范围。水温急剧升降时,鱼体不易适应而发生病理变化乃至死亡。如鱼苗下塘时,要求池水温度与原生活水体的水温相差不要超过2℃,鱼种不超过4℃。温差过大,就会导致鱼苗、鱼种的大量死亡。各种病原体在合适温度的水体中也将大量繁殖,导致鱼类患病。

2. 水质　水环境的化学指标是水质优劣的主要标志,也是导致鱼病发生的最主要因素。在养殖池塘中,最主要的化学指标为溶解氧、pH值和氨态氮含量。鲤科鱼类在溶解氧充足(4毫克/升以上)、pH 值适宜(7.5~8.5)、氨态氮含量较低(0.2 毫克/升以下)时,鱼病发生率较低,反之鱼病的发生率高。水中溶解氧含量高低对鱼的生长和生存有直接的影响,溶氧量低时鱼会浮头死亡,在缺氧时鱼体极易感染烂鳃病;而溶解氧含量过高时,会引起鱼发生气泡病。当池水 pH 值低于 5 或超过 9.5 时就会引起死亡,低于 7 时极易感染各种细菌病,在我国南方一些属酸性土壤的山区,pH 值在 5~6.5,家鱼生长不快,且易感染嗜酸性卵甲藻而患打粉病。水中氨态氮含量高,家鱼极易发生暴发性出血病。

(二)底质因素

养殖水体的底质是指水接触的土壤和淤泥层。淤泥中腐殖质多,含有大量的营养物质,如有机物和氮、磷、钾等,淤泥具有供肥、保肥和调节水质的作用,保持适量的淤泥层是必要的。然而淤泥堆积过多,有机物耗氧量过大,容易造成鱼类缺氧,还会酸化水质,产生分子氨和亚硝酸盐等有害物质,损害鱼鳃表皮细胞,降低血红蛋白载氧功能,影响鱼类的正常呼吸,给各种病原菌侵入创造了条件,直接或间接形成各种疾病,甚至危及鱼类的生命。如危害性极大的细菌性败血病等暴发性鱼病,与养殖池长期不清淤泥有直接关系。

(三)生物因素

1. 病原体　鱼病多数是由各种生物感染或侵袭鱼体而导致的,水中使鱼体致病的生物称病原体。病原体有病毒、细菌、黏细菌、真菌、藻类、原生动物、吸虫、线虫、棘头虫、绦虫、蛭类、钩介幼虫、甲壳动物等。由病毒、细菌、真菌和藻类等侵袭引起的鱼病,通常称为传染性鱼病;由原生动物、吸虫、线虫、绦虫、甲壳动物等寄生虫引起的鱼病,称为寄生性鱼病。

2. 中间宿主　一些生物本身并不能使鱼致病,但它是病原体的中间宿主或传播者,如某些剑水蚤是九江槽绦虫的中间宿主,某些软体动物是复殖吸虫的中间宿主等。

3. 敌害生物 凶猛鱼类、蛙类、水蛇、水老鼠、水鸟、水生昆虫、青苔、水网藻等直接或间接危害养殖鱼类,称为敌害生物。

(四)人为因素

1. 放养不当 放养密度过大,混养比例不当,容易造成缺氧、饲料不能充分利用或鱼类相互争食,使鱼体生长不良,体质瘦弱,抵抗力下降,易诱发疾病。

2. 饲养管理不当 投喂不清洁或变质饲料以及投喂多少不定,会引起肠炎等疾病发生,鱼池中的残饵亦会恶化水质诱发烂鳃病。

3. 操作不慎 拉网或运鱼过程中操作不慎可造成鱼体受伤,增加病原体感染的机会,使鱼病的发生率大幅度提高。

5. 鱼类的体质 鱼的体质是鱼病发生的内在因素,也是鱼病发生的根本原因。主要表现为品种和体质方面,一般杂交品种较纯种抗病力强,当地品种较引进品种抗病力强。体质好的鱼类各种器官功能良好,对疾病的免疫力、抵抗力都很强,鱼病的发生率较低。鱼类体质也与饲料的营养密切相关,当鱼类饲料充足、营养平衡时,体质健壮,较少得病;反之,鱼体质较差,免疫力降低,对各种病原体的抵御能力下降,极易感染发病。同时,在营养不均衡时,又可直接导致各种营养性疾病的发生。养殖群体中可能存在一些易感性个体,所谓易感性个体,即抗病力弱的个体。病原体只有侵入到抗病力弱的鱼体后,才会引起疾病的发生和蔓延。

二、鱼病的生态预防

生活在水中的鱼在患病初期很难被及时发现,一旦暴发出现大量死亡以后,大多丧失食欲,难以通过内服药物治疗,即使使用外用药物,往往由于池塘水体过大,药物浓度难以控制而达不到理想的效果。因此,在池塘养鱼生产过程中,做到无病先防、防重于治具有其特殊的意义。鱼病的发生是外界环境和鱼体内在因素综合作用的结果,预防鱼病发生要从池塘环境改良和增强养殖鱼类体质两方面着手,需要在生产中的每一个环节层层把关。

(一)池塘水环境改良

1. 养殖池进排水分开　养殖池水源是病原生物可能传入的途径之一。水源要充足,不被污染,理化指标必须适合养殖鱼类的生活需求。在一些水源条件欠佳的地区,要采用封闭式的循环养殖方式,并实施水源的消毒处理。各个池塘要有独立的进排水系统,即各个鱼池能够独立地从进水渠道注水入池,并能独立将池水排放到总排水沟渠,进排水分开,避免一处鱼池发病,导致全场感染的危险。

2. 清整池塘　就是在季节性干塘后清除池底过多的淤泥,或对池底进行翻晒、冰冻,精养鱼池每隔 1～2 年必须清塘 1 次,因为淤泥中有机物分解要消耗大量氧气,在夏季很容易引起泛池,而且池底在缺氧的状态下会产生亚硝酸盐、氨氮、硫化氢、甲烷等有毒、有害物质,对鱼类健康造成危害。同时,淤泥是许多致病生物如有害细菌、水生昆虫、青苔、水绵等的孳生地,是一些病原体的中间宿主如螺、蚌的栖息地,清塘能消除敌害生物,减少鱼病发生,池底在阳光下曝晒或经过寒冬冰冻后,能使池底表层土壤疏松,改善池底通气条件,有利于加速腐殖质矿化过程,促使底泥中营养盐类释放。清淤后的池塘注入新水后塘水易于变肥,有利于鱼类生活生长。在干塘去除淤泥的同时还要加固池埂,清整滩脚,确保池塘不渗漏。

3. 生石灰清塘　鱼种放养前要用药物清塘,杀死野杂鱼、敌害生物和寄生虫、病原菌等,这是预防鱼病发生的重要措施。清塘使用的药物因地域差异品种很多,常见的有生石灰、漂白粉、氨水、巴豆、茶饼、鱼藤精以及一些农药、合剂等。生石灰清塘是使用最普遍、效果最好的一种方法。生石灰遇水后迅速发生反应,产生氢氧化钙,释放大量热能,使池塘内 pH 值在短时间内升高到 11 以上,达到杀灭野杂鱼、敌害生物、病菌的效果,生石灰清塘有干池清塘和带水清塘 2 种方法。

(1)干池清塘 将池水排至 10～15 厘米后,用木盆将生石灰加水化开,不待冷却即全池均匀泼洒,然后耙动底泥,使生石灰和底泥充分混合。生石灰用量一般为每 667 米² 水面每米水深用50～75 千克。

(2)带水清塘 就是在池水不排出的情况下用生石灰清塘,生石灰化开后迅速全池均匀泼洒,用量为每 667 米² 每米水深用125～150 千克。需要指出的是,各地生石灰实际用量出入很大,这是因为生石灰用量与生石灰质量、底泥和当地土壤酸碱度有关,如果池塘底泥多、土壤偏酸性,生石灰用量肯定要大一些。干池清塘的效果远比带水清塘好,生产实际中大多使用干池清塘法,在一些排水困难、水源不足的地方才使用带水清塘的方法。

4. 科学使用增氧机 增氧机是我国目前使用最为广泛,能有效改善水质的专用养殖机械。在夏秋高温季节,晴天中午开机,可改善池塘溶解氧分布不均匀状况,利用池塘上层水中氧盈,改善池底溶解氧条件,降低池底氧债,促进池底有机物分解,抑制池底在缺氧状态下产生亚硝酸盐、氨氮、硫化氢、甲烷等有毒、有害物质。

5. 使用环境保护剂 适时、适量地使用环境保护剂,可净化、改良底质,防止底质酸化和水体富营养化。所用的环境保护剂有生石灰、沸石、过氧化钙、光合细菌和益菌素等,可抑制硫化氢、氨氮等有毒物质的产生,抑制有害细菌繁殖,补充氧气和钙元素,增强鱼类摄食,促进鱼类生长和鱼体抗病力,减少感染疾病的几率。当 pH 值偏低时可遍撒生石灰,以调高池水 pH 值,还可使底泥中的营养物质得到有效释放。

6. 定期加注新水　在鱼类生长旺季,每隔 15 天左右向池塘内加注新水 10～15 厘米,增加水容量,有利于浮游生物更新,改善水质,对预防鱼病发生很有好处。

(二)控制和消灭病原体

1. 严格检疫　是指对养殖的苗种、亲鱼进行传染性病原生物的检验,以防止传染性病原的输入、传播、扩散,保护本地区养鱼安全、有序、健康的发展。

2. 实现生产全过程消毒　为防止一些传染性病原生物的繁殖和孳生,养殖生产全过程应进行"四消",即苗种消毒、工具消毒、饲料消毒(指鲜活饲料)、食场消毒(投喂点或食台)。消毒方式以物理方法为佳,如紫外线、臭氧等。工具、食台和鱼池消毒等可用氯制剂(漂白粉、强氯精等)、甲醛溶液、氧化剂(高锰酸钾、二氧化氯等)、季铵盐类等。

(1)苗种消毒　鱼类在分塘换池和放养时均应消毒,以预防疾病的发生。鱼类消毒前,认真检查机体携带的病原体,针对不同的病原体种类,选择适当的消毒药物。苗种放养前要在较高浓度的药物溶液中浸浴,杀死苗种携带的病原体和寄生虫,浸浴时间要根据苗种大小、体质强弱、药物浓度和水温高低灵活掌握。在苗种能忍耐的范围内浸浴时间越长效果越好。经常用于浸浴的药物有 3‰～5‰食盐水、10～20 毫克/升漂白粉溶液、8 毫克/升硫酸铜溶液、10～20 毫克/升高锰酸钾溶液、5 毫克/升 90%晶体敌百虫溶液以及 8 毫克/升漂白粉溶液与 10 毫克/升硫酸铜溶液的合剂等。

(2)工具消毒　养鱼的各种工具往往是传播疾病的媒介,因此养鱼工具若不能做到专塘专用的话,在使用前必须消毒。网具消毒可用 20 毫克/升硫酸铜溶液或 50 毫克/升高锰酸钾溶液或 5%食盐水浸泡消毒 30 分钟;木制或塑料制工具用 5%漂白粉溶液消毒,然后用清水洗净后使用。

（3）**饲料消毒** 投喂不清洁或变质的饲料，会将病菌带入池塘，因此对投喂的天然饵料应进行消毒处理。螺、蚌、蚬等要鲜活，饼粕类饲料和颗粒料要检验是否霉变，水旱草进池前用浓度为6毫克/升漂白粉溶液浸泡20～30分钟进行消毒，饼粕类饲料在浸泡过程中要加入3％～4％的食盐。施用有机肥时要充分发酵，施用时加入适量漂白粉进行消毒。

（4）**食场消毒** 养殖过程中投喂量要适当，经常清除残饵。如果食场周围的残饵散落在水底，日积月累，这些有机物的腐败分解会为病原体的孳生提供有利条件。因此，在鱼病流行季节，每隔1～2周应在食场周围遍洒漂白粉溶液进行消毒，具体用量为每个食场用250克，先将漂白粉溶化在10～15升水中，然后泼洒到食场周围水体中。

3. 定期药物预防 大多数疾病发生都有一定的季节性。因此，掌握发病规律，及时在疾病流行前进行预防是一项非常有效的措施。要掌握本地养殖鱼类的发病规律，及时提前进行预防。表10-1是常见鱼病及发病季节。

表10-1 常见鱼病及发病季节

病　名	发病季节	病　名	发病季节
车轮虫病	5～8月份	出血病	7～10月份
水霉病	终年可见，以2～5月份为甚	中华鳋病	6～10月份
赤皮病	终年可见，以5～9月份为甚	小瓜虫病	12月份至翌年6月份
锚头鳋病	终年可见，以6～11月份为甚	烂鳃病	4～10月份
鱼鲺病	终年可见，以6～11月份为甚	肠炎病	4～10月份
鲢碘泡子虫病	4～12月份	打印病	6～11月份
指环虫病	5～6月份		

药物预防的方法有以下几种。

（1）**食场挂篓、挂袋** 在每个食场四周，挂3～6个小竹篓，每个篓中放 100～150 克漂白粉,让漂白粉的药性慢慢释放,使来食场觅食的鱼类,在摄食的同时对鳃和皮肤进行消毒,可预防烂鳃病和细菌性鱼病。如挂装有硫酸铜和硫酸亚铁合剂的布袋,则每个食场四周挂 3 个,每个布袋装硫酸铜 100 克,硫酸亚铁 40 克,每周挂 1 次,连挂 3 周,可预防寄生虫性鳃病。采用挂篓、挂袋方法交替使用,可同时预防皮肤病和鳃寄生虫病。

(2)全池泼洒　　在疾病流行季节来临前,定期用药物全池泼洒,常用药物及使用方法如下。

①漂白粉　　流行季节每 15 天泼洒 1 次,每 667 米² 每米水深用 250 克,对水后沿池边或食场附近泼洒,可预防细菌性疾病。

②硫酸铜和硫酸亚铁合剂(5:2)　　流行季节每月使用 1 次,每立方米水体用 0.7 克。

③敌百虫　　每立方米水体用 0.3～0.5 克 90% 晶体敌百虫,可预防寄生虫性鳃病和皮肤病,杀灭指环虫、三代虫、鱼鲺、中华鳋、锚头鳋幼虫等。

④生石灰　　在我国中部地区从 5 月底至 9 月底每隔 20 天左右用生石灰泼洒 1 次,对改善水质、防病治病有很好的效果,特别对预防烂鳃病、赤皮病效果良好。用量为每 667 米² 每米水深用 15～25 千克,对水后全池泼洒。

⑤药饵预防　　鱼类体内疾病的预防,采用口服药饵的办法,即把药物掺在饵料中投喂。常用的有磺胺胍,拌入商品饲料,再挤压成颗粒。每日投喂 1 次,连用 6 天为 1 个疗程,一般按每 10 千克鱼用药 1 克计算投药量,一些使用配合颗粒饲料的单位,可向饲料厂家订购,只是生产颗粒饲料定型时的高温可能会影响药效,这是在提供配方时应注意的事项。在生产上经常使用大蒜药饵,这是一种更经济有效的方法:先将大蒜去皮捣成泥,然后再加入饲料中拌和,稍晾干后投喂,当天配制当天使用,用量为每 100 千克鱼用 0.5～1 千克大蒜。

4. 保持鱼池清洁 鱼池是鱼类的生活场所,鱼池清洁与否直接影响到鱼的健康,应随时保持池塘水面及周边环境的清洁卫生,及时捞除池中污物残渣,铲除池中水草和池埂杂草,清除病原体和敌害生物的藏身地。

5. 杀死池中锥实螺等中间寄主 锥实螺是双穴吸虫、血居吸虫的中间宿主,是精养鱼种池中经常出现的有害螺类。要消灭池中的锥实螺,切断上述病原生物的生活史。在养殖期间可在傍晚放入草把,翌日早晨取出,压死附在上面的螺类,连续几天,可达到杀灭锥实螺的目的。

(三)增强鱼体抗病力

鱼类生活在复杂的水环境中,许多病原体平时就在它们的生活环境中存在,所以加强饲养管理、进行科学喂养、提高鱼类自身抗病能力是预防疾病的根本措施。

1. 科学放养 同一池塘以放养同一来源、同一规格的鱼种为宜,可以减少病菌交叉感染的机会,提倡鱼种冬放,冬季水温低,鱼体肥壮,鳞片紧密,病原体处在非活动期,鱼种不易感染得病。

2. 加强日常饲养管理 平日操作应细心、谨慎,避免鱼体受伤,避免为病原生物的入侵打开门户。

3. 投喂优质适口的配合饲料 科学的投喂方法能增强鱼类对疾病的抵抗能力,讲究投喂技术,根据鱼类品种、规格选用相应配方和粒形的饲料。使用时要根据鱼类活动情况、季节、天气、水温、水质等条件做到定时、定位、定质、定量投喂。

4. 增强养殖群体的抗病力 培育和放养健康、不带传染性病原生物的苗种,这是养殖生产成功的基础。

5. 免疫接种 是对养殖鱼类免遭暴发性流行性病传染最为有效的方法。国外已有商品化疫苗,国内一些科研单位已试制某些养殖种类的病原体弧菌疫苗,可以试用。目前一些生产单位应用土法疫苗和草鱼出血病灭活苗预防草鱼肠炎病、烂鳃病、赤皮病和出血病，具有一定效果。不过免疫途径是通过对每条鱼的注射，操作比较麻烦。

6. 降低应激反应　在养殖过程中，由于人为因素如水污染、捕捞操作、投喂技术与方法不当或由于自然现象，如暴雨、高温、缺氧等因素的影响，常可引起鱼的应激反应。凡是偏离养殖鱼类正常生活范围的异常因子，统称为应激原，而养殖鱼类对应激原的反应称为应激反应。如果应激原过于强烈或持续时间长，养殖鱼类就会因自身能量消耗过大而使鱼类抵抗力下降，为水中某些病原生物的侵袭创造有利条件，最终引起疾病感染甚至暴发，导致鱼类大量死亡。因此，在养殖过程中，创造条件减少应激，是维护和提高鱼体抗病力的措施之一。

7. 科学合理地使用营养物和药物　饲料和毒物之间并没有必然的界限，如某些维生素或氨基酸均为饲料中不可缺少的重要成分，当在日粮中缺乏时，把它们添加到饲料中也就成为药物了。由于所有的药物在用量过大时都会产生毒害作用，药物与毒物之间仅是量的差别，所以在使用药物治病时，一定要考虑到药物的两重性。正确诊断，对症用药，切忌乱用药或滥用药。了解药物性能，掌握使用方法，注意不同养殖种类、年龄和生长阶段的差异。了解养殖环境，合理施放药物。注意药物的相互作用，避免配伍禁忌。观察不良反应和是否出现蓄积中毒。用药后认真查看群体动态，总结防治效果。

8. 建立隔离管理制度　养殖池发现病害特别是传染性疾病，首先应严格隔离管理，以免疾病传播、蔓延。对其周围包括进排水系统进行消毒，工具专用，捞出的死鱼及时销毁，对病鱼做出诊断，确定防治对策。

三、常见鱼病及治疗技术

（一）细菌性烂鳃病

【病　　原】　病原为黏球菌。

【症　　状】　病鱼鳃丝腐烂带有污泥，鳃盖骨内表皮往往充血，中间部分的表皮常腐蚀成一个不规则的圆形透明小窗（俗称开天窗）。在显微镜下观察，草鱼鳃瓣感染了黏细菌以后，引起的组织病变不是发炎和充血，而是病变区域的细胞组织呈现不同程度的腐烂、溃烂和侵蚀性出血。另外，有人观察到鳃组织病理变化经过炎性水肿、细胞增生和坏死 3 个过程，并分为慢性型和急性型 2 种。慢性型以增生为主，急性型由于病程短，炎性水肿迅速转入坏死，增生不严重或几乎不出现。

【流行情况】　细菌性烂鳃病主要危害草鱼、青鱼，对鳙鱼、鲢鱼、鲤鱼也有危害。主要危害当年草鱼鱼种，每年 7～9 月份为流行盛期，1～2 龄草鱼发病多在 4～5 月份。

【防治方法】　①用生石灰彻底清塘消毒。②用漂白粉在食场挂篓，在草架的每边挂密眼篓 3～6 只，将竹篓口露出水面约 3 厘米，篓中装入 100 克漂白粉，翌日换药以前，将篓内的漂白粉渣洗净，连挂 3 天。③每 100 千克鱼用 250 克鱼复康 A 型拌料投喂，每日 1 次，连用 3～6 天。

（二）细菌性肠炎病

又叫烂肠瘟、乌头瘟。

【病　　原】　病原为点状产气单胞杆菌，属革兰氏阴性短杆菌。

【症　　状】　病鱼行动缓慢，不摄食。腹部膨大，体色变黑，特别是头部显得更黑。有很多体腔液，肠壁充血，呈红褐色。肠内没有食物,只有许多淡黄色的黏液。如不及时治疗,病鱼会很快死去。

【流行情况】　主要危害草鱼、青鱼,罗非鱼和鲤鱼也少量发生。本病是目前饲养鱼类中最严重的疾病之一。

【防治方法】　①采用中草药预防,除加强饲养管理和常规消毒外,发病季节每月投喂下列任何一种方剂1～2个疗程。每100千克鱼每日用大蒜500克(或大蒜素2克)、食盐200克拌饲,分上、下午2次投喂,连喂3天;每100千克鱼每日用干地锦草、马齿苋、铁苋菜、咸辣蓼(合用或单用均可)500克和食盐200克拌饲,分上、下午2次投喂,连喂3天,也可用鲜地锦草2 500克,鲜马齿苋、铁苋菜、咸辣蓼2 000克拌饲;每100千克鱼每日用干穿心莲2千克或鲜穿心莲3千克打浆加盐拌饲,分上、下午2次投喂,连喂3天。②治疗,全池泼洒氯制剂,同时再内服下列任何一种药物:每100千克鱼每日用氟哌酸5～8克拌料,分上、下午2次投喂,连喂3天;每100千克鱼每日用土霉素2～5克拌料,分上、下午2次投喂,连喂6～10天,水产品上市前至少有30天停药期;每100千克鱼每日用磺胺2,6-二甲氧嘧啶2～20克拌料,分上、下午2次投喂,连喂3～6天,水产品上市前至少有42天停药期。

(三)赤皮病

又叫赤皮瘟、擦皮瘟、出血性腐败病。

【病　原】　荧光假单胞菌,属革兰氏阴性菌,适宜温度为25℃～30℃,传染源是被污染的水体。本病是草鱼、青鱼、鲫鱼、团头鲂、鲤鱼等鱼种和成鱼阶段的主要鱼病之一,多发生于2～3龄的成鱼。

【症　状】　病鱼症状明显,鱼体表局部或大部分出血发炎,鱼体两侧充血发炎,鳞片脱落呈现块状红斑,特别是鱼体两侧和腹部最明显。鳍基部充血,鳍条末端腐烂,似一把破扇子。在鳞片脱落的地方往往有水霉生长。在草鱼常与烂鳃病、肠炎病并发,病鱼的肠道也充血发炎,有时鱼的上、下颌和鳃盖发炎充血。

【流行情况】 本病流行广泛,并常与肠炎病、出血病并发。全国各养鱼区均有发生,无明显的发病季节,终年可见。荧光假单胞菌是一种条件致病菌,鱼体表完整无损时,病菌无法侵入鱼的皮肤,当鱼体受伤后,病菌乘机侵入感染而发病。在寒冬季节,鱼体皮肤也可能因冻伤而感染本病。

【防治方法】 ①适时对鱼池进行清整消毒,在运输、拉网等操作过程中尽量避免鱼体受伤。②发病季节全池泼洒生石灰,用漂白粉进行食场消毒。③全池泼洒 0.5～2 毫克/升的二氧化氯溶液或 4 毫克/升的五倍子溶液,连用 2 天。或内服磺胺嘧啶,用量为4 克/100 千克鱼,连用 5 天,首次用量加倍。

(四)草鱼出血病

【病　　原】 呼肠弧病毒病。

【症　　状】 病鱼体色发暗,微带红色,有 3 种类型:①红肌肉型,撕开病鱼的皮肤或对准阳光、灯光透视鱼体,可见皮下肌肉充血、全身充血和点状充血;②红鳍红鳃盖型,病鱼鳍基、鳃盖充血,并伴有口腔充血;③肠炎型,病鱼肠道充血,常伴随松鳞、肌肉充血。由于本病症状复杂,容易与其他细菌性鱼病混淆,所以诊断时必须仔细观察病鱼体外和肠道等器官,以免误诊。首先,检查病鱼口腔、头部、鳍条基部有无充血现象,然后用镊子剥开皮肤观察肌肉是否有充血现象,最后解剖鱼体,观察肠道是否有充血症状。如果充血症状明显,或者有几种症状同时表现,可诊断为草鱼出血病。

【流行情况】 草鱼出血症的流行季节为 5～9 月份,其中 5～7 月份主要危害 2 龄草鱼,8～9 月份主要危害当年草鱼鱼种。

【防治方法】 病毒可以通过水来传播,患病的鱼和死鱼不断释放出病毒,加上病毒的耐药性强,造成药物治疗的困难。目前比较有效的预防方法有以下几种:①用灭活苗对草鱼进行腹腔注射免疫。当年鱼种注射时间是6月中下旬,当鱼种规格在6～6.6厘米时即可注射,每尾注射疫苗0.2毫升,1冬龄鱼种每尾注射1毫升左右。经注射免疫后的鱼种,其免疫保护力可达14个月以上。同时,还可用疫苗进行浸泡免疫。②每100千克鱼每天用0.5千克刺槐子、0.5千克苍生2号、0.5千克食盐拌料投喂,连用2天。③在发病季节,每667米²水面每米水深每次用15千克生石灰溶水全池泼洒,每隔15～20天泼洒1次,也有一定预防效果。

(五)鳃 霉 病

【病　　原】　病原为鳃霉。国内发现的鳃霉有2种类型:寄生在草鱼鳃上的鳃霉,菌丝体比较粗直而少弯曲,通常是单枝延长生长,分枝很少,不进入血管和软骨,仅生长在鳃小片的组织上。另一种寄生于青鱼、鳙鱼、鲮鱼鳃上,菌丝常弯曲呈网状,较细而壁厚,分枝特别多,分枝沿鳃丝血管或穿入软骨生长,纵横交错,充满鳃丝和鳃小片。

【症　　状】　感染急性型鳃霉病的病鱼,出现病情后几天内大量死亡。表现为鳃出血,部分鳃丝颜色苍白,鱼不摄食,游动缓慢。慢性型病鱼死亡率稍低,坏死的鳃丝部分腐烂脱落,鳃丝贫血,呈苍白色。鳃霉病必须借助显微镜确诊,剪少许腐烂的鳃丝,在显微镜下观察是否有鳃霉菌的菌丝。

【流行情况】　现已发现鳃霉病的地区有广东、广西、湖南、湖北、江浙、上海和辽宁等地。草鱼、青鱼、鳙鱼、鲢鱼、鲤鱼、鲫鱼、鲮鱼等都可发生。鲮鱼鱼种对本病最为敏感,发病率可达70％～80％甚至更高,且死亡率很高。每年5～10月份为流行季节,尤以5～7月份发病严重。鳃霉病的流行,除地理条件以外,池塘的水质状况是主要因素,一般都是水质恶化,特别是有机物含量很高,又脏又臭的池塘,最易流行鳃霉病。

【防治方法】 ①经常保持池水新鲜清洁,适时加入新水,可以减少发病机会。②鱼苗、鱼种培育池要用混合堆肥代替大草和粪肥直接沤水法,用生石灰清塘代替茶粕清塘,可以预防鳃霉病的发生。③发病鱼池立即冲注新水。④每立方米水体用1克漂白粉全池遍撒。

(六)打 印 病

又名腐皮病。本病是鲢鱼、鳙鱼常见的一种疾病,主要危害成鱼和亲鱼。

【病 原】 肠型嗜水气单胞菌和豚鼠气单胞菌。

【症 状】 发病部位主要在背鳍以后的躯干部分,其次是腹部两侧或近肛门两侧,少数发生在鱼体前部。由点状产气单胞菌侵入鱼体表,造成鱼体肌肉腐烂发炎。先是皮肤、肌肉发炎,出现红斑,后扩大呈圆形或椭圆形,边缘光滑,分界明显,似烙印,俗称"打印病"。随着病情的发展,鳞片脱落,皮肤、肌肉腐烂,甚至穿孔,可见到骨骼或内脏。病鱼身体瘦弱,游动缓慢。严重发病时,陆续死亡。

【流行特点】 流行面积广,全国各地均有散在性流行,大批死亡的病例很少发生,但严重影响鱼类的生长、繁殖和商品价值。发病鱼池中感染率可达80%以上,一年四季都有发生,但以夏秋季为流行高峰期。

【防治方法】 ①在发病季节用1毫克/升漂白粉溶液全池泼洒消毒。②用高锰酸钾溶液擦洗患处,每500毫升水用高锰酸钾1克。

(七)鳃隐鞭虫病

【病 原】 鞭毛虫纲的鳃隐鞭虫。

【症　状】　病鱼鳃部无明显症状,只表现黏液较多。当鳃隐鞭虫大量侵袭鱼鳃时,能破坏鳃丝上皮和产生凝血酶,使鳃小片血管堵塞,黏液增多,严重时可出现呼吸困难。病鱼不摄食,离群独游或靠近岸边水面,体色暗黑,鱼体消瘦,最终导致死亡。确诊需借助显微镜来检查。离开组织的虫体在玻璃片上不断扭动前进,波动膜的起伏摆动尤为明显。固着在鳃组织上的虫体不断地摆动,寄生多时,在高倍显微镜的视野下能发现几十个甚至上百个虫体。

【流行情况】　鳃隐鞭虫对寄主无严格的选择性,池塘养殖鱼类均能感染。但能引起鱼患病和造成大量死亡的主要是草鱼苗种,尤其在草鱼苗阶段饲养密度大、规格小、体质弱,容易发生本病。每年5～10月份流行,冬春季鳃隐鞭虫往往从草鱼鳃丝转移到鲢鱼、鳙鱼鳃耙上寄生,但不能使鲢鱼、鳙鱼发病,因为鲢鱼、鳙鱼有天然免疫力成为保虫寄主。同时,成鱼对本虫也有抵抗力。

【防治方法】　①鱼种放养前用8毫克/升硫酸铜溶液洗浴20～30分钟。②每立方米水体用0.7克硫酸铜和硫酸亚铁合剂(5∶2)全池遍洒。

(八)黏孢子虫病

【病　原】　多种黏孢子虫。我国淡水鱼中已发现黏孢子虫百余种,有些种类大量寄生于鱼体,引起严重的流行病。

【症　状】　异育银鲫被鲫碘泡虫侵入皮下组织,在头部后上方形成瘤状胞囊,随着病情发展胞囊渐大,影响其正常游动和摄食,日渐消瘦死亡。鲤鱼被野鲤碘泡虫侵袭鳃部形成许多灰白色点状胞囊,引起大量死亡。草鱼被饼形碘泡虫侵入肠道组织,形成大量胞囊,使肠道受阻,影响摄食,最后鱼体消瘦而死。鲢碘泡虫侵入鲢鱼脑神经系统和感觉器官,破坏正常的生理活动,导致鱼在水面打圈狂窜乱游,时沉时浮,最后抽搐死亡。

【流行情况】 我国南北方地区均有发现,是一种严重的寄生虫病,在我国东部江淮流域和南方养殖发达地区发生比较普遍。

【防治方法】 目前尚无有效的治疗方法,彻底清塘消毒在一定程度上可以抑制病原孢子的大量繁殖,减少本病发生。

(九)车轮虫病

【病　原】 病原为车轮虫寄生在鳃上的车轮虫有卵形车轮虫、微小车轮虫、球形车轮虫和眉溪小车轮虫。这类车轮虫的虫体都比较小,故将它们统称为小车轮虫。寄生在皮肤上的车轮虫有粗棘杜氏车轮虫、华杜氏车轮虫、东方车轮虫和显著车轮虫,这类车轮虫的虫体相对大些,故将它们统称为大车轮虫。

【症　状】 幼鱼和成鱼都可感染车轮虫,在鱼种阶段最为普遍。车轮虫常成群地聚集在鳃丝边缘或鳃丝的缝隙里,使鳃腐烂,严重影响鱼的呼吸功能,使鱼死亡。

【流行情况】 车轮虫病是鱼苗、鱼种阶段危害较大的鱼病之一。草鱼、青鱼、鳙鱼、鲢鱼、鲤鱼、鲫鱼、鲮鱼、罗非鱼等均可感染,全国各地养殖场都有流行,特别是长江、西江流域各地区,在每年5～8月份鱼苗、夏花鱼种常因本病而大批死亡,1足龄以上的大鱼虽然也有寄生,但一般危害不大。本病在面积小、水浅和放养密度较大的水域最容易发生,尤其是经常用大草或粪肥沤水培育鱼苗、鱼种的池塘,水质一般比较脏,是车轮虫病发生的主要场所。

【防治方法】 ①鱼种放养前用生石灰清塘消毒,用混合堆肥代替大草和粪肥直接沤水培育鱼苗、鱼种,可避免车轮虫的大量繁殖。②当鱼苗体长达2厘米左右时,每立方米水体放苦楝树枝叶15千克,每隔7～10天换1次,可预防车轮虫病的发生。③每立方米水体用0.7克硫酸铜和硫酸亚铁合剂(5:2)全池泼洒,可有效地杀死鱼鳃上的车轮虫。④每667米² 水面每米水深用苦楝树枝叶30千克煮水全池泼洒,可有效地杀死车轮虫。

（十）指环虫病

【病　原】　病原为指环虫属中的许多种类。我国饲养鱼类中常见的指环虫有鳃片指环虫、鳙指环虫、鲢指环虫和环鳃指环虫等。虫体后端有固着盘，由 1 对大锚钩和 7 对边缘小钩组成，借此固着在鱼的鳃上。

【症　状】　大量寄生指环虫时，病鱼鳃丝黏液增多，鳃丝全部或部分呈苍白色，妨碍鱼的呼吸，有时可见大量虫体挤出鳃外。鳃部显著肿胀，鳃盖张开，病鱼游动缓慢，直至死亡。

【流行情况】　指环虫病是一种常见的多发性鳃病。它主要以虫卵和幼虫传播，流行于春末夏初，大量寄生可使鱼苗、鱼种大批死亡。对鲢鱼、鳙鱼、草鱼危害最大。

【防治方法】　①鱼种放养前，用 20 毫克/升高锰酸钾溶液浸洗 15～30 分钟，可杀死鱼种鳃上和体表寄生的指环虫。②水温在 20℃～30℃时，用 90% 晶体敌百虫全池遍撒，每立方米水体用药 0.2～0.5 克，效果较好。③每立方米水体用 2.5% 敌百虫粉剂 1～2 克全池遍撒。④用 90% 晶体敌百虫与面碱合剂全池遍撒，90% 晶体敌百虫与面碱的比例为 1∶0.6，每立方米水体用合剂 0.1～0.24 克，效果很好。

（十一）中华鳋病

【病　原】　病原为大中华鳋和鲢中华鳋。中华鳋雌雄异体，雌虫营寄生生活，雄虫营自由生活。大中华鳋的雌虫寄生在草鱼鳃上，鲢中华鳋寄生在鲢鱼鳃上。雌虫用大钩钩在鱼的鳃丝上，像挂着许多小蛆，所以中华鳋病又叫鳃蛆病。

【症　状】　中华鳋寄生在鱼的鳃上，除了它的大钩钩破鳃组织、夺取鱼的营养以外，还能分泌一种酶，刺激鳃组织，使组织增生，病鱼鳃丝末端肿胀发白、变形，严重时，整个鳃丝肿大发白，甚至溃烂,使鱼死亡。

【流行情况】 本病主要危害 1 龄以上的草鱼、鲢鱼和鳙鱼,鱼被寄生后,鱼体消瘦,在水面表层打转或狂游,鱼的尾鳍露出水面,又称翘尾病。每年 5～9 月份为流行盛期。

【防治方法】 ①鱼种放养前,用硫酸铜和硫酸亚铁合剂(每立方米水体放硫酸铜 5 克,硫酸亚铁 2 克)浸洗鱼种 20～30 分钟,杀灭鱼体上的中华鳋幼虫。②病鱼池用 90% 晶体敌百虫遍撒,每立方米水体用药 0.5 克,可杀死中华鳋幼虫,减轻病情。

(十二)小瓜虫病

又称白点病。

【病 原】 为多子小瓜虫,是一种体型比较大的纤毛虫。

【症 状】 鱼体感染初期,胸、背、尾鳍和体表皮肤均有白点分布,此时病鱼照常觅食活动,几天后白点布满全身,鱼体失去活动能力,常呈呆滞状浮于水面,游动迟钝,食欲不振,体质消瘦,皮肤伴有出血点,有时左右摆动,游泳逐渐失去平衡。病程一般为 5～10 天,传染速度极快,若治疗不及时,短时间内可造成大批死亡。

【流行情况】 本病对鱼的种类、年龄无严格选择,小瓜虫的适宜生活水温为 15℃～25℃。本病多在初冬、春末和梅雨季节发生,尤其在缺乏光照、低温、缺乏活饵的情况下容易流行。

【防治方法】 每 667 米² 水面每米水深用 0.5 千克辣椒粉或 2 千克鲜辣椒、0.5 千克生姜,加水 5 升,于锅中煮沸 10 分钟,对水 15 升后全池泼洒,连用 2 天,可治愈小瓜虫病。

(十三)水 霉 病

又称肤霉病、白毛病。

【病 原】 为水霉科中的多种种类,我国常见水霉和绵霉 2

个属。

【症　状】　早期看不出什么异常症状,常出现病鱼与其他固体摩擦现象,当肉眼能看到时,菌丝已在鱼体伤口侵入。后期病鱼行动迟缓,食欲减退,最终死亡。菌丝同时向内外生长,向外生长的菌丝似灰白色棉絮状,故称白毛病。

【流行情况】　水霉和绵霉是条件致病菌,对水生动物没有选择性,凡是受伤的均可感染,而没有受伤的一律不感染。在鲤鱼、鲫鱼孵化过程中,受低温诱发,水霉孢子能在鱼卵上萌发并穿过鱼卵,迅速蔓延,造成大批鱼卵死亡。

【防治方法】　无理想的治疗方法,治疗所用药物不是价格太贵,就是禁用药物,防止灾害性气候和防止鱼体受伤是最为有效的防治办法。

(十四)锚头鳋病

【病　原】　为多态锚头鳋、草鱼锚头鳋和鲤鱼锚头鳋。

【症　状】　大量寄生时,病鱼呈现不安,鱼体消瘦,急躁不安,甚至缓慢游于水面,体表有红斑,可看到寄生的锚头鳋,鱼不摄食,最后造成大量死亡。

【流行情况】　全国流行,以两广和福建地区最为严重,淡水鱼各龄鱼都可受到危害,尤其以鱼种受害最大,主要流行于炎热天气。

【防治方法】　①鱼种放养前用 15 毫克/升高锰酸钾溶液浸洗1.5 小时。②全池泼洒 7 毫克/升 90%晶体敌百虫溶液以杀死锚头鳋幼虫,每隔 7 天使用 1 次,连用 3 次,商品鱼上市前至少要有10 天的停药期。③在食场周围用松树枝扎成 5～6 捆沤水,或用松树叶捣碎浸泡泼洒,用量为每 667 米² 用 10～15 千克。

(十五)肝　病

【病　因】　肝病是目前养殖鱼类中最常见的一种疾病,是由于使用受细菌、病毒侵染的饲料,或由于饲料霉变,脂肪氧化较严重,产生的醛类物质损害鱼类肝组织,造成弥漫性脂肪变性,从而影响肝功能所导致的肝坏死,这类病变的肝脏往往呈黄色或黄褐色,又称黄脂病。

【症　状】　分为急性型、亚急性肝细胞坏死型和慢性型,病鱼游动不规则,失去平衡,体色加深,鳃丝充血,眼球突出。胆囊膨大呈深绿色,肝脏浊肿。肝组织有大片自溶性坏死,出现弥散性病变。

【发病情况】　以鲤鱼和罗非鱼为多,其次是鲫鱼和草鱼等。

【防治方法】　①经常注入新水或更换池水,使鱼生长在良好的水环境中。②保持饲料新鲜,防止饲料中蛋白质变质和脂肪氧化。③用颗粒饲料喂养草鱼、团头鲂时要适当饲喂鲜嫩草料。

(十六)跑 马 病

【病　因】　常见于青鱼、草鱼、鲤鱼、鲫鱼、团头鲂等的鱼苗、夏花阶段,鲢鱼、鳙鱼少见。主要原因是鱼池内缺乏适口饵料,或池塘漏水,鱼苗、夏花长时间顶水所致。

【症　状】　鱼苗、夏花围绕池边成群狂游,驱散不开,呈跑马状。

【防治方法】　①放养密度要适当,不能过密,鱼池不能漏水。②鱼苗放养 10 天后应投喂芜萍、豆渣等草鱼、团头鲂、青鱼的适口饲料。③用芦席隔断病鱼群游路线,并投喂豆渣、豆饼浆、米糠等鱼苗、夏花喜食的饲料。

(十七)水 肿 病

【病 因】 常见于草鱼、鲤鱼、鲫鱼、团头鲂、鲮鱼等,病因主要是池水过肥,水质老化,水色多呈深绿色、灰暗色或深棕色。水中藻类和其他有机物含量高,溶解氧含量低,氨氮含量很高,使鱼体内的氨难以排泄所致。

【症 状】 病鱼主要表现体色加深,鳃片呈鲜红色或深红色,鳃丝出现增生,体表黏液增加,生长缓慢,渔民称为老头鱼,病鱼腹水多,胆囊膨大,肝脏呈棕色且易破碎。

【防治方法】 ①经常加注新水或定期更换池水。②加强池水消毒,或加入强力净化剂,每立方米水体用 40～120 克,去除池水中悬浮物和微生物。③用生石灰调节池水呈微碱性,降低水中氨的毒性。④经常清除鱼饵残渣,投喂新鲜饲料。

(十八)三毛金藻中毒

【病 因】 常见于盐碱地和半咸性水域,一年四季都有发生,主要发生于春季、秋季和冬季。病因是三毛金藻大量繁殖,产生溶血毒素,引起鱼类中毒死亡。

【症 状】 中毒初期病鱼急躁不安,方向不定,之后趋于平静,反应逐渐迟钝,开始向背风浅水处集中,鱼体大量分泌黏液,鳍基部充血,鱼体后部体色变淡,随着中毒时间延长,鱼体麻痹,病鱼布满鱼池四角和浅水区,头朝岸边,排列整齐,很快失去平衡死去,整个中毒过程一直出现鱼类浮头。

【防治方法】 ①定期向鱼池中泼洒铵盐类化肥,使水体中总氮稳定在 0.25～1 毫克/升;②在 pH 值为 8 左右、水温为 20℃ 左右的发病池塘早期全池泼洒 20 毫克/升硫酸铵或碳酸氢铵溶液。

四、鱼池施药时的注意事项

几种药物混合施用时要严格按操作规程进行,如漂白粉、硫酸铜、敌百虫都不能与生石灰同时使用,因为前两者遇生石灰会发生中和反应而失效或减弱疗效,敌百虫遇生石灰会变成敌敌畏,毒性增高 10 倍。又如大黄与氨水合用,药效可提高 14 倍。生产上要根据药物的不同特性,合理选配,避免产生毒副作用。

饲养鱼的发病率未超过 5% 时,一般不要采用药物全池泼洒的方法防治鱼病,可采用食场药物挂袋(篓)和食场附近水域局部投药来防治。饲养鱼的发病率高达 10% 不得不采用药物全池泼洒防治时,一定要准确测量水体,施药浓度按常量的下限或减量使用较为安全。用药后 24 小时之内要有人看守,发现异常现象立即大量冲水抢救。

施药时必须注意以下几点。

第一,水温在 30℃ 以上时,不宜采用全池遍洒法施药。

第二,施药时要避开阳光直射的午间,宜在傍晚进行。

第三,鱼还在浮头或浮头刚结束时不宜施药。

第四,应先喂饲料后施药,不能颠倒顺序。

第五,药物应完全溶化后再泼洒,并从上风处泼向下风处,以增大均匀度。

第六,用硫酸铜杀灭湖靛时,只能在下风处集中洒药,不宜全池泼洒。洒药时间宜安排在下午进行,否则极易引起泛塘死鱼。

五、禁用药物及其危害

(一)水产养殖中禁用的药物

农业部禁用药清单共 31 种,要求在水产品中不得检出,其具体药物如下:地虫硫磷、六六六、林丹、毒杀芬、滴滴涕、甘汞、硝酸亚汞、醋酸汞、呋喃丹、杀虫脒、氟氯氰菊酯、双甲脒、速达肥、五氯酚钠、孔雀石绿、环丙沙星、酒石酸锑钾、磺胺噻唑、磺胺脒、呋喃西林、呋喃唑酮、呋喃那斯、红霉素、氯霉素、泰乐菌素、杆菌肽锌、阿伏帕星、喹乙醇、锥虫胂胺、已烯雌酚、甲基睾丸酮。需要指出的是,恩诺沙星在生物体内代谢过程中可产生环丙沙星,所以恩诺沙星在水产养殖上也是禁用的。

(二)禁用药物的危害

1. 细菌耐药性增加 目前渔用抗菌药物使用范围和剂量的日益扩大,细菌耐药性问题日趋严重。而且很多细菌已由单药耐药性发展为多重耐药性,细菌长期与药物接触,造成耐药性的产生,且耐药性不断增加,现已研究证实细菌的耐药性可以通过耐药质粒在人群、动物群和生态系统中的细菌间相互传递,导致致病菌产生耐药性。

2. 导致毒性损伤 药物残留可通过食物链长期富集而对人体造成一定程度的损伤。如硝酸亚汞、甘汞等制品对鱼类小瓜虫的治疗效果很好,但其在鱼体内易富集、残留,当人摄入后可引起肾脏损伤,表现为变性和坏死,引起肾功能降低。一些抗生素的长期使用和滥用在水产动物产品的残留也会造成一些潜在的危害。

3. 导致变态反应 经常使用磺胺类、四环素类、喹诺酮类药物很容易引起变态反应。当这些抗菌药物残留于水产动物产品中进入人体后，就使得敏感个体致敏，产生抗体。当这些被致敏的个体再次接触这些抗生素时，在临床上轻者可表现为有瘙痒症状的荨麻疹、恶心呕吐、腹痛腹泻，重者表现为血压急剧下降、迅速引起过敏性休克，甚至死亡。如磺胺类药物可引起人类的皮炎、血细胞减少、溶血性贫血和药热等临床症状。

4. 产生"三致"作用 即致癌、致畸、致突变作用。药物及环境中的化学药品可引起基因突变或染色体畸变而造成对人类的潜在危害。如水产常用的促生长剂喹乙醇，现已证实有明显的蓄积毒性、遗传毒性和诱变性，长时间使用会在鱼体内残留，而对人的健康造成潜在威胁。水产上常用于治疗水霉病的药物孔雀石绿，是一种强致癌物。据报道，鱼体短期1次接触0.0067%的孔雀石绿溶液，就可致细胞突变。长期使用硝基呋喃类药物（如呋喃唑酮、呋喃西林）除了会对肝脏、肾脏造成损伤外，同时具有致癌、致畸、致突变效应。水产上常用的消毒药二氯异氰尿酸钠和三氯异氰尿酸过去认为是安全、高效的消毒药，但近来研究证实，其在水体中的分解产物氰尿酸降解速度非常缓慢，且对人体有致癌作用。此外，在水产上常用的杀虫药敌百虫、促生长剂己烯雌酚、砷制剂等都已证明具有致癌作用。

（三）水产上常用的几种禁用药物的危害及替代药物

1. 孔雀石绿 主治小瓜虫病，可防治水霉病，并且杀虫作用。其危害包括：①致癌，引起受体细胞突变，而引起细胞癌变。②致畸，引起受体骨骼变形，而引起肌体畸形。③使水生生物中毒。

替代药物：①杀虫可用甲苯咪唑、左旋咪唑（内服）、溴氰菊酯（泼洒）替代。②防治水霉病，可用3%～5%食盐水浸泡5～10分钟或全池泼洒亚甲基蓝2～3毫克/升。③抗菌，可泼洒氯制剂或溴制剂。

2. 氯霉素（盐、酯及制剂） 有广谱抗菌作用，对革兰氏阴性、阳性细菌均有抑制作用,在水产上抗菌作用较强,能防治烂鳃病、赤皮病等。其危害包括:①抑制骨髓造血功能,引起粒细胞缺乏症和再生障碍性贫血。前者是可逆的,停药后可以恢复,后者是不可逆的,难以恢复。②大量使用氯霉素可引起肠道菌群失调,可能导致消化功能紊乱,从而引起消化吸收不良。③氯霉素有免疫抑制作用,抑制抗体的形成,防疫期间严禁使用。④氯霉素还能抑制肝药酶,影响其他药物在肝脏的代谢,使药效延长或缩短,使毒性增强或减弱。

替代药物:①外用泼洒,可用溴制剂或氯制剂替代。②内服可用复方磺胺类、四环素类、喹诺酮类、甲砜霉素、氟苯尼考等替代。

3. 红霉素、泰乐菌素　这两种抗生素属大环内酯类抗微生物药物,呈碱性,对革兰氏阳性菌作用较强,对嗜水气单胞菌敏感,常用来治疗水产动物细菌性烂鳃病。其危害是:由于水产动物吃了此类药物,肌体内残留较多,同时产生大量的耐药菌,人经常吃含大量残留此药物的鱼肉,也会产生大量耐药菌。

替代药物:氟苯尼考、甲砜霉素等。

4. 硝基呋喃类药物　本类药物是人工合成的广谱抗菌药物,对大多数革兰氏阴性和阳性细菌、某些真菌、原虫均有抑制作用,常用呋喃唑酮(痢特灵),偶尔使用呋喃妥因、呋喃西林。其危害是可引起溶血性贫血、多发性神经炎、急性肝坏死和眼部损害。

替代药物:①泼洒,可用氯制剂、溴制剂代替。②内服,可用氟哌酸(诺氟沙星)、新霉素(弗氏霉素)、复方新诺明(复方磺胺甲基异噁唑)代替。

5. 环丙沙星(环丙氟哌酸)　为第三代喹诺酮类广谱抗菌药物,对革兰氏阴性菌和革兰氏阳性菌均有较强作用,是目前临床应用的氟喹诺酮类中抗菌活性最强的品种,可治疗烂鳃病、赤皮病等细菌性感染病。环丙沙星是人专用的药物,畜、禽、水产动物不得使用。

替代药物:可用动物专用的恩诺沙星(乙基环丙沙星)、单诺沙星替代。

6. 汞制剂　包括硝酸亚汞、醋酸亚汞、氯化亚汞、甘汞(二氧化汞)、吡啶基醋酸汞等,在水产上主要使用硝酸亚汞、醋酸亚汞用来治疗小瓜虫病。其危害包括:①汞制剂易富集,主要集中在肾脏,其次是肝脏和脑。汞主要经肾脏随尿液排出,对肾脏损害严重,发病者出现蛋白尿、血尿、肝脏肿大充血等症状。②出现消化道炎症,粪便带黏液甚至脓血和坏死性肠黏膜。③出现神经症状,病人先沉郁,后敏感性升高。

替代药物:①40%甲醛溶液,泼洒15~25毫克/升,隔日1次,连用2~3次。②亚甲基蓝,2毫克/升,连用2~3次。

7. 喹乙醇　具有抗菌作用和促生长作用,能起到类似激素的作用。其危害包括:①喹乙醇具有富集作用,肌体排出喹乙醇时间长,在鱼苗时喂了喹乙醇,在成鱼时其副作用还存在。②鱼类抗应激能力差,不耐拉网、不耐运输,死亡率高,鱼体易受伤出血。③肌体含水率高,运输时排出废物多,对水环境污染大,容易造成死鱼。

替代药物:①中草药促生长剂。②黄霉素有明显的促生长作用,但也会出现抗应激能力下降的现象,但不太严重,出售鱼时提前停药15天。

8. 激素类药物　包括甲基睾丸素(甲基睾丸酮)、丙酸睾酮、己烯雌酚、雌二醇等,本类药物可促进鱼体内氨基酸、糖等合成蛋白质,抑制体内蛋白质分解,推迟雌、雄性成熟时间,出现雌、雄表观性逆转。其危害包括:①激素在鱼体内残留,对吃鱼的人产生严重的危害,出现性早熟、女性出现男性特征或男性出现女性特征等。②大剂量使用后肝脏易出现损伤,性周期停止或紊乱。

替代药物:中草药类、黄霉素、甜菜碱、肉碱(肉毒碱、L-肉碱)等。

第十一章　水产品质量安全追溯体系建设

一、水产品质量安全追溯体系建设的背景

食品安全问题已经引起社会各界的广泛关注,目前已成为继人口、资源与环境之外的全球性第四大危机。正因为如此,水产品的安全性越来越受到关注。为了保障水产品食用安全,及时了解水产品生产、流通及加工全过程的信息,建立水产品质量安全追溯制度,实现水产品质量安全的可追溯性,提升消费者对水产品食用的信任度,已经显示出日益重要的意义。欧盟、美国、日本、韩国等一些发达国家,在对水产品品质制定严格技术标准的同时,还制定了水产品可追溯的相关法规,如欧盟 2000 年颁布的欧盟法规 EC 104/2000,主要目标是调查研究水产品的全链可追溯性。建立水产品可追溯体系的执行标准,就是制定水产品从养殖、捕捞直至消费者整个链条所需要记录的信息以及信息传递的方法等标准。

我国是世界上最大的水产品出口国,随着国际水产品市场关于可追溯性新法律、法规的陆续出台,我国水产业随时面临着越来越多、越来越严格的新规则挑战。建立一条完整有效的水产品质量安全可追溯体系是国内水产业的迫切需要。

由于传统的养殖形式是各自为政,养殖分散,管理混乱。养殖过程中不注意水质的变化,不注重生态养殖,对于新的水产健康养殖的概念、水产食品的安全要求,以及水产品的药物残留、有害微生物的超标、无公害水产品认识不清,概念模糊,致使水产品质量达不到出口标准,许多签订的出口协议无法完成。

水产食品可追溯体系已被认为是保护消费者权益,增进水产食品安全性的有效手段。我国主要水产食品出口国家已经通过立法,要求在其市场上出售的所有水产食品必须具有可追溯性。我国尚未对水产食品可追溯性进行立法,但对水产食品追溯体系的建立日益重视。如2007年,北京已经开始推进食品安全追溯体系的建设,形成了由1个一级平台和4个子级系统构成的追溯体系。现在我国"罗非鱼养殖质量可追溯系统"已经取得重大科研成果,这一成果是国家"863"计划项目和欧盟第六框架计划的研究成果之一。因此,水产相关行业想要在高度竞争的国际市场上保有一席之地,就必须未雨绸缪,建立和实施能为企业带来竞争优势的水产食品可追溯体系。

二、水产品质量安全追溯体系建设的意义

(一)有利于生产安全的水产品

食品安全是重大的民生问题。我国传统的水产养殖模式主要以盲目扩张生产规模,提高养殖生物密度,追求最大经济效益为目的,其结果适得其反,养殖效益不但逐年降低,养殖品种病害越发严重。人们为应付病害大量使用药物,结果造成环境严重污染,耐药菌大量繁衍,形成恶性循环,致使水产品药残增加,品质下降,质量达不到出口标准,且对人们的食品安全构成了严重威胁。因此,发展标准化养殖和质量安全追溯体系可以生产无污染、个体健康、安全、优质的无公害水产品,在保证人类食品安全的同时也减少了水域环境污染,是促进水产业持续健康发展的重要途径。

(二)有利于水产品质量安全的管理

由于水产品质量安全问题的客观存在,风险不可能降为零。

信息的可追溯系统可以事先预测危害的原因与风险的程度，能清楚地掌握原料和辅料的出处，所以能分析、辨别所用原料和辅料的风险度，从而通过管理在生产过程中将风险控制到最低水平。

(三)可向消费者提供正确的信息

改善生产者和消费者信息不对称的现象，给予消费者知情权。消费者根据自己掌握的食品安全知识和偏好自行决定购买与否。如果消费者对水产品卫生问题不放心，可以要求水产品供给者从电脑中调出档案，则该食品的来源、原产地以及流通过程便呈现在消费者面前，从而减少食品供应商的欺诈行为，维持公正的市场经济秩序。

(四)有利于打破国外的技术贸易壁垒

建立水产品质量安全可追溯体系，还可以满足当前一些国家对水产品安全跟踪与追溯的基本要求，从而打破国外因食品质量安全追溯制而设置的贸易壁垒，提高我国农产品在国际市场上的竞争力。

目前，水产品质量安全追溯体系在发达国家已经进入了实用化阶段，成为解决水产品安全问题及构筑新型贸易壁垒的有效手段。现阶段我国水产品安全问题非常令人关注，政府、企业都在致力于加强水产品生产环节的卫生安全控制和质量检验工作，强化安全信息传递，弱化食品市场失灵的影响。同时，消费者购买能力和风险意识逐步提高，对水产品安全信息的需求也与日俱增。我们应加快对相关可追溯要求的立法，以建立完善的追溯体系，确保水产品质量安全。

三、水产品质量安全追溯体系建设的总体设计

（一）生产履历中心

该中心是产品追溯系统的基础和核心，生产履历制度包括养殖场信息、生产资料来源信息、生产管理信息、监测信息、产品信息等。

养殖场信息包括养殖场名称、养殖场地点、养殖时间和养殖规模。

生产资料来源信息包括苗种来源、饲料供应、活饵供应、渔药供应等。

生产管理信息包括添加剂使用情况、疾病与治疗情况、水质状况等。

监测信息包括检测对象、检测方法、检测项目、检测单位、检测结果、检测周期和时间、检测标准、检测设备和联系电话等。

产品信息主要包括产品药残的检测，如呋喃唑酮等呋喃类药物及其代谢物、氯霉素等抗生素、孔雀石绿等染料、磺胺甲基嘧啶等磺胺类药物、铅等有毒重金属、恩诺沙星等喹诺酮类抗菌药物等。

该制度完成了对上市水产品生产档案信息的统一记录存储，构成追溯管理的基础数据库。管理部门和消费者通过履历中心，可以查阅与产品有关的生产、加工、销售、检测等各类信息，实现对水产品全链条的追溯。

（二）追溯码的生成及标签打印系统

通过附着在鱼体标志牌上的追溯码可以查询到水产品详细的生产履历。追溯码可以实现数字化加密，实现一个包装条码标签

对应唯——个产品追溯码。该种数据编码技术有相当的可控性，可以按量发放、注册生效、到期失效，同时该种编码技术有很强的防伪性，数据编码进行加密处理，批量无法仿制。追溯码生成后，通过专用的条码标签打印机打印，可随时产码，随时使用。

（三）信息查询平台

信息查询平台是以生产履历中心数据库为基础开发完成的，消费者可以通过互联网、互联网触摸屏（部分超市出口设置）、电话等多种方式进行查询。平台的后台软件系统设计了查询管理数据库，详细记录系统的查询信息。通过查询平台，可以进行产品的养殖场信息、生产资料来源信息、生产管理信息、交易信息等相关信息的查询，实现了前期生产与最终消费之间的信息追溯。

水产品质量安全追溯体系的构成见图 11-1。

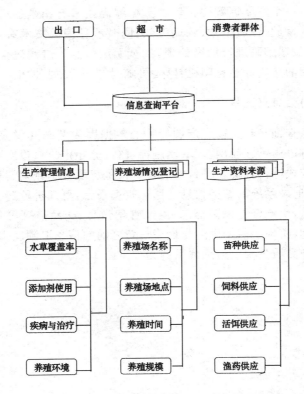

图 11-1　水产品质量安全追溯体系构成

参考文献

［1］　王武．鱼类增养殖学［M］．北京：中国农业出版社，2000．

［2］　中国淡水养鱼经验总结委员会．中国淡水鱼类养殖学（第三版）［M］．北京：科学出版社，1998．

［3］　刘文斌．水产动物营养与饲料讲座［J］．科学养鱼，2007(8)：14-15．

［4］　刘智．鱼池水质的测试方法［J］．渔业致富指南，2005(10)：19．

［5］　刘婉莹．池塘养鱼实用技术［M］．北京：金盾出版社，2002．

［6］　江河，戚少燕，李艳和．异育银鲫规模化人工繁殖技术［J］．水利渔业，2004，24(1)：26-27．

［7］　殷守仁，徐立蒲，刘鑫，等．北京市水产品质量安全追溯［J］．中国水产，2007(1)：72-73．

［8］　邓河频．池塘养鱼基础知识讲座［J］．渔业致富指南，1999，21：41-42．

［9］　权亮．鱼种的拉网锻炼［J］．渔业致富指南，2007，22：24．

［10］　李泽湘．水温对鱼类的影响［J］．渔业致富指南，2002(1)：32．

［11］　李晓川．建立我国水产品可追溯体系的紧迫性和可行性［J］．中国水产，2008(9)：21-22．

［12］　李继光．渔用增氧机的选用与操作［J］．河南科技，2006(4)：32．

[13] 宋长太．如何增加养殖水体溶氧[J]．农村养殖技术，2003,14:14.

[14] 何淑格，王效军，宋广波．影响鱼类生长的不良水质[J]．渔业致富指南，2002(2):31.

[15] 张列士，薛镇宇．淡水养鱼高产新技术[M]．北京：金盾出版社，1995.

[16] 张扬宗．中国池塘养鱼学[M]．北京：科学出版社，1989.

[17] 张福顺，陈斌云，陈四福．池塘主养草鱼三种不同养殖模式的对比试验[J]．江西水产科技，2003(3):30-32.

[18] 沈晋发．浅议推行水产健康养殖[J]．渔业经济研究，2007(4):33-35.

[19] 杨弘．罗非鱼繁殖及养殖技术[J]．科学养鱼，2006(1):16-17.

[20] 杨保国．鱼种投放前的五种清塘方法[J]．齐鲁渔业，2007,24(1):31.

[21] 陈昌齐，叶元土．集约化水产养殖技术[M]．北京：中国农业出版社，1998.

[22] 林家勇．池塘培育大规格鳙鱼种试验[J]．河北渔业，2005(4):30.

[23] 屈文俊．池塘培育草鱼苗种高产技术[J]．中国水产，2002(4):20.

[24] 姚国成．池塘科学养鱼高产技术[M]．北京：中国农业出版社，1998.

[25] 高明，李小平．淡水鱼标准化生产技术[M]．北京：中国农业大学出版社，2003.

[26] 深秋．团头鲂的人工繁殖[J]．齐鲁渔业，2002,19(10):25.

[27]　黄琪琰.水产动物疾病学[M].上海：上海科学技术出版社,1993.

[28]　谢忠明.淡水良种鱼类增养殖技术[M].北京：中国农业出版社,1993.

[29]　解旭升.鱼苗鱼种运输技术措施[J].黑龙江水产,2008(3):21-23.

[30]　熊炎成.水产健康养殖纵横谈[J].渔业致富指南,2004,15:58-60.

[31]　魏文志,李孝东.水产动物饲料配制与疾病防治实用指南[M].南京：南京大学出版社,2000.

金盾版图书,科学实用,
通俗易懂,物美价廉,欢迎选购